JN281787

初めて学ぶ
PID制御の基礎

江口弘文 著

$K_{p1}=3$
$K_{p1}=2$
$K_{p1}=1$

$$G_c(s)=K_p\left(1+\frac{1}{T_i s}+T_d s\right)$$

TDU 東京電機大学出版局

はじめに

　工学は時代の流れとともに変る。工学の発展が社会を変えていくし，社会の要求に合わせて大学の工学部も変革していく。昭和30年代に華々しく登場した制御工学も，今ではもう決して新しい部類の学問ではなくなった。その後，電子工学が一世を風靡しやがて情報工学，生体工学へと発展してきた。最近ではロボット工学とかメカトロニクスと呼ばれる分野も活発である。しかし新しい分野の学問に押されて制御工学が古くなってしまったかといえば決してそうではない。因みに最近のロボット工学やメカトロニクス関係の本を開いてみればその基本が計測と制御にあることにすぐに気付くだろう。

　本書は高専や大学の学生向きの制御工学用テキストとして古典制御理論を中心に簡潔にまとめたものである。従来制御理論の入門書は特に複素関数論の分野で難解な部分が少なくなかった。そこで本書では著者の30年以上にわたる制御系設計の現場での経験を生かし，PID制御器設計に必要となる基礎理論に絞って，しかも例題を多用することにより理解を深める工夫をした。逆に，大学の講義で難解でありながら実際の設計の現場ではほとんど使うことのなかったニコルス線図や根軌跡の幾何学的な作図法などは大胆に省略した。基本の意味さえ理解しておけば，最近では便利なパソコンソフトがたちどころに計算してくれるからである。

　本書の構成は第1章から第6章までが古典制御理論を理解するうえでの基本の流れである。半期の講義用テキストとして用いる場合はここまでがひとつの目安だろう。第7章は古典制御理論と現代制御理論の橋渡しである。第8章は本書の最も特徴とするところである。ロケットのロール姿勢角制御問題という具体例を通してPID制御器による制御系設計の一連の流れを示した。制御系設計という技術に大いに興味を持ってもらえるのではないかと期待している。

　本書に取り上げた例題の殆どはサイバネットシステム株式会社の制御系設計ツ

ールMATLABで確認している。ただ本書に記載したグラフはExcelによるものである。大半の問題はExcel VBAでも概略の解を求めることができるし，結果をグラフにする場合にはExcelの方が便利な面もあるからである。本書で用いたExcelプログラムはすべて東京電機大学出版局のホームページからダウンロードして用いることができる。プログラムのほとんどは出力としてのグラフを得るためのものであるが，例えば本文第8章図8.22や図8.24に用いたフィードバック形式のプログラムを組めば制御系解析の学習用としても有用であると思う。是非，活用して頂きたい。

　最後に，筆者が制御工学を志して以来一貫して丁寧なご指導を賜っている山下忠九州工業大学名誉教授，職場の先輩後輩として常に切磋琢磨してきた久保英彦氏（現：多摩川精機㈱顧問），また前著「MATLABによる誘導制御系の設計」以来，出版に際し貴重なご指導を頂いている東京電機大学出版局植村八潮氏，詳細な校正を頂いた吉田拓歩氏に心から感謝致します。

2006.7　著者

目　　次

第1章　制御工学とは……………………………………… 1

- 1.1　制御ということ ………………………………………… 1
- 1.2　制御工学発展の歴史 …………………………………… 2
- 1.3　制御系の構成 …………………………………………… 3
- 　　　練習問題 ………………………………………………… 8

第2章　ラプラス変換……………………………………… 9

- 2.1　複素数 …………………………………………………… 9
- 2.2　ラプラス変換 …………………………………………… 12
- 2.3　ラプラス変換の諸定理 ………………………………… 17
- 2.4　ラプラス逆変換 ………………………………………… 24
- 　　　練習問題 ………………………………………………… 30

第3章　システムのモデル化……………………………… 31

- 3.1　モデル化 ………………………………………………… 31
- 3.2　ブロック線図 …………………………………………… 40
- 3.3　ブロック線図の等価変換 ……………………………… 42
- 　　　練習問題 ………………………………………………… 49

目次

第4章 制御系の応答 ……………………………………… 51

- 4.1 制御系の応答 ……………………………………… 51
- 4.2 過渡応答 …………………………………………… 56
- 4.3 定常応答 …………………………………………… 63
- 4.4 フィードバック制御系の応答 …………………… 66
- 練習問題 ……………………………………………… 74
- 付録1 たたみこみ関数のラプラス変換 …………… 75
- 付録2 二次遅れ系の応答解析 ……………………… 76

第5章 制御系の周波数応答 ……………………………… 80

- 5.1 制御系の周波数応答 ……………………………… 80
- 5.2 周波数伝達関数 …………………………………… 83
- 5.3 ベクトル軌跡 ……………………………………… 85
- 5.4 ボード線図 ………………………………………… 87
- 練習問題 ……………………………………………… 101

第6章 制御系の安定性 …………………………………… 102

- 6.1 制御系の安定性 …………………………………… 102
- 6.2 安定判別法 ………………………………………… 110
- 6.3 根軌跡法 …………………………………………… 119
- 練習問題 ……………………………………………… 124

第7章 制御系の状態空間表現 …………………………… 126

- 7.1 線形系の状態空間表現 …………………………… 126

iv

	7.2	状態方程式と伝達関数 …………………………………… 130
	7.3	状態方程式の解 ………………………………………… 134
	7.4	安定性 …………………………………………………… 141
		練習問題 ………………………………………………… 142

第8章　PID制御系の設計 ……………………………………… 144

	8.1	ロケットのロール角制御問題の概要 ……………………… 144
	8.2	PID制御器 ……………………………………………… 150
	8.3	PID制御器とIPD制御器 ………………………………… 152
	8.4	ロール角制御系の設計 …………………………………… 154
		練習問題 ………………………………………………… 164

章末問題の解答 …………………………………………………………… 165

Excel VBAプログラムについて ……………………………………… 178

本書で使用したExcel VBAプログラムは，ホームページからダウンロードできます．
　　　東京電機大学出版局ホームページ　　https://www.tdupress.jp/
　［メインメニュー］→［ダウンロード］→［初めて学ぶPID制御の基礎］

第1章

制御工学とは

　この章は制御工学への導入部である。大学に入学すると最初にオリエンテーションやガイダンスが行われるが，それと同じで制御工学へのガイダンスである。ほとんどの読者はこれまでにも「制御」という言葉を何度も耳にしたことがあるだろう。この章では制御工学を学ぶ最初のステップとして，「制御」という考え方を理解し，ブロック線図による制御系の図式的な表現に慣れることを目的としている。

1.1　制御ということ

　ほとんどの読者はこれまでにも制御という言葉を何度も耳にしているだろう。コントロールとかコントローラという言葉も耳にしたことがあるに違いない。単に制御という場合もあるし，自動制御と呼ばれることもある。英語で制御はControlであり自動制御の場合はAutomatic Controlという。制御をする装置のこと，即ち制御装置がControllerである。

　制御とは機械を思い通りに自動的に操作することである。制御の対象としては自動車，飛行機，ロケット，ロボットなどのあらゆるメカニズムが考えられるし，化学プラントなども制御の対象である。例えば飛行機の自動操縦も制御だし，2足歩行のロボットも制御である。身近なところではアクセルを踏む量を調整してスピードを変えるのも制御だし，ポットの湯温を一定に保つための電源の

ON/OFFも制御である。また制御の対象は機械ばかりでなく人間自身であることもある。歩く速さを調整したり，やわらかいものを握るときに力を加減したり，あるいは眩しいときに瞳孔を狭くするのも制御である。人間自身は非常に高度な制御の集積というか制御の芸術品といってもいいかも知れない。人間が行なっている本能的な制御を機械に置き換えているのがロボットなのである。人間が歩くことはごく普通のことであるがロボットの場合には2足歩行させるだけでも難しい。

制御には完全に機械だけで行なわせる制御と人間が介在する制御がある。機械だけでの制御が完全自動化された装置であり，人間の介在を必要とする装置が半自動化装置である。人間が立っただけで開閉するドアが自動ドアであり，指でタッチする必要のあるドアは半自動ドアである。読者に馴染みが深いところでは車も半自動化された制御の例と考えてよい。ドライバーがハンドル操作することで進行方向が制御され，アクセルやブレーキを踏むことで速度が制御される。半自動化制御の特徴は，意思決定が人間の判断に任されていることが多い点である。逆にいえば，制御技術の中で意思決定が一番難しい技術であるということもできるだろう。

何かを制御しようとする場合，「計る」という動作が不可欠である。従って「計測」と「制御」は不可分なのである。この計測を担当する装置がセンサであり，適当なセンサがない場合には人間が介在せざるをえなくなる。自動化が困難な装置の原因の大半はセンサと意思決定にあるといってもいいだろう。航空機やロケットの世界でも，正確な飛行制御のためにはさまざまな高精度のセンサが欠かせないのである。

1.2 制御工学発展の歴史

大学の工学部に我が国で初めて制御工学科が誕生したのは昭和35年のことではないかと思う。1960年のことだからかれこれ半世紀である。しかし制御工学科が誕生する以前からこの種の研究はなされていた。機械工学では機械力学の分野，電気工学では回路理論の分野が制御工学のルーツといえるだろう。この時代

の制御理論は古典制御理論と呼ばれた。古典制御理論は数学的には複素関数論をベースにしており古典制御理論とラプラス変換は切り離すことができない。この古典制御理論に対して，1960年代から急速に発展してきた最適制御理論は線形代数学をベースにしており，ラプラス変換ではなく制御対象を時間関数そのままで取り扱っている。最適制御理論のことを当時は古典制御理論に対して現代制御理論と呼んだがそれからすでに半世紀である。最適制御理論以降では適応制御理論，ロバスト制御理論，H∞最適制御理論などの理論が発展してきたが，実業界で活躍する制御技術者としては本書で述べる古典制御理論をきちんと理解しておくことが何にも増して大事である。

1.3　制御系の構成

ここで本論に入ることにして，この節では制御ということを模式的に図で表現することを考えてみよう。最初の例としてエアコンで室温を調整する場合を考える。

例題1.1

エアコンによる室温調整を模式的に図で表現せよ。

解答　この例は図1.1のように表現することができる。即ち，リモコンで設定された希望の室温と温度センサが計測した室温を比較し，両者の間に差があれば室温が設定値に等しくなるようにエアコンが作動し室温が上昇

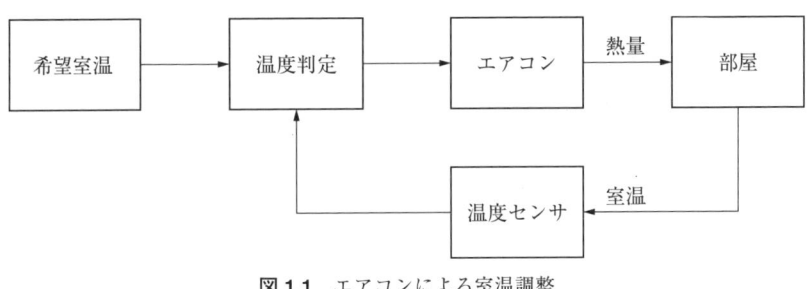

図1.1　エアコンによる室温調整

（下降）する。エアコンはセンサで計測された室温が設定温度に等しくなるまで作動し続けるが，計測された室温が設定温度と等しくなれば自動的に停止する。そしてまた外気により室温が下降（上昇）して設定温度との間に相違が発生すれば再び作動する。

このようにエアコンの作動・停止を判断するためには温度センサでの室温計測が不可欠であり，計測結果と希望の目標値を比較してエアコンの電源のON/OFFを調整することが制御なのである。この制御系においてエアコンは温度判定部からの指示に従って作動するだけの機能であり，部屋の部分は室温を制御してもらう謂わば負荷である。この例からも制御の最も本質的な部分は計測部と判定部であることが理解できるだろう。もうひとつ図1.1には制御の本質的な面が現れている。即ち，制御をするということは，やりっぱなしのことではなく一連の現象が閉じたループを構成しているということである。このことが本書で一貫して述べるフィードバック制御系の基本なのである。

例題1.2

ロボットアームの回転角制御を模式的に図で表現せよ。

解答 ロボットアームの最も単純な例として，アームは一本としその関節部分に直流（DC）モータが直接取り付けられていてDCモータに加える電圧を調整することでアームの回転角度が制御できるような構造になって

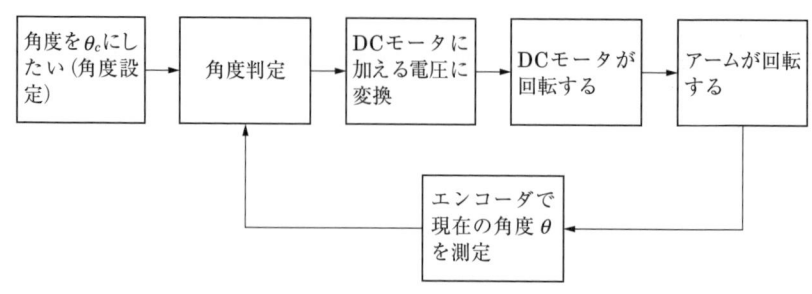

図1.2　ロボットアームの角度制御

いる場合について考えれば，このときの一連の現象は図1.2のように表現することができる。

図1.2で角度判定のブロックはアーム回転角度の目標値 θ_c と現在の角度 θ の差の信号を発生していると考えれば，図1.3のモデルで表現することができる。

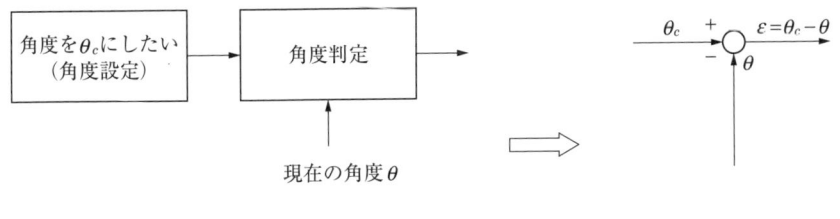

図 1.3 入力部分のモデル化

図1.3を用いれば図1.2は図1.4のように表現できる。

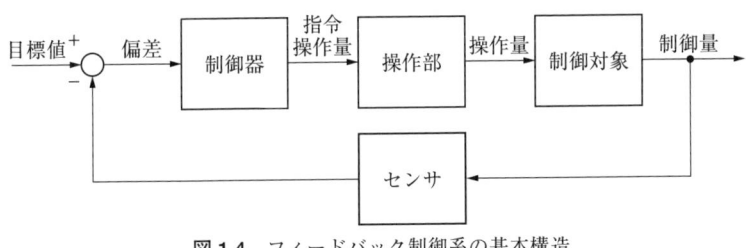

図 1.4 フィードバック制御系の基本構造

θ_c は一般に**目標値**と呼ばれ，目標値と現在の値の差 ε は**偏差信号**（偏差）と呼ばれる。偏差信号を受けるブロックは一般に**制御器**と呼ばれ，**調節器**と呼ばれることもある。制御器の出力に応じて実際に力やトルクを発生する部分を操作部と呼ぶ。図1.2ではDCモータ自身が**操作部**である。操作部の出力が現実にロボットアームに働く力やトルクであって一般には操作部の出力を**操作量**と呼ぶことが

多いので，制御器の出力は指令操作量と考えればよい．即ち，制御器出力は，どれだけの力（トルク）を発生しなさいという指令値であり，実際にDCモータで出力された力（トルク）が操作量である．次にアームの部分が，実際に制御したい対象であり**制御対象**と呼ばれる．操作量が制御対象に作用した結果アームが希望の回転運動をするのである．このアームの回転角が制御することを希望した物理量であるから，このことを**制御量**と呼ぶ．図1.4が**フィードバック制御系**の基本構造である．

図1.4に示された信号名，ブロック名は古典制御理論の基本であり今後は本書においても全てこの名称が使われるので明確に記憶しておく必要がある．制御をするという現象を一般的に図1.4で表現することが制御工学の第一歩であるが，図1.4のままではまだ何も進展できない．この図を制御系の解析や設計に役立てていくためには言葉で表現されている部分を数学的な表現に変換していく必要がある．従って次の作業は図1.4の各ブロックを数学的に表現することである．

そこで図1.4を構成する各ブロックを考えてみれば，どのブロックも共通して図1.5のようにとらえることができる．即ち，全てのブロックには入力が作用し，ブロックが有する特有の機能を反映した出力が得られるのである．ここでシステムとは図1.4の操作部や制御対象などのブロックを総称している言葉である．

図 1.5 システムの基本構造

例題 1.3

図1.6の質量-バネ・ダンパー系について，質量mの物体に加えた力$u(t)$を入力，その結果変位した質量の位置$y(t)$を出力としたときの入力と出力の関係を示せ．ただし，粘性抵抗係数をc，バネ定数をkとする．

解答 入出力の関係は運動方程式

$$m\ddot{y}(t) = u(t) - c\dot{y}(t) - ky(t) \tag{1.1}$$

で表現される。(1.1)式が図1.6のシステムの入出力の関係を表す関係式である。

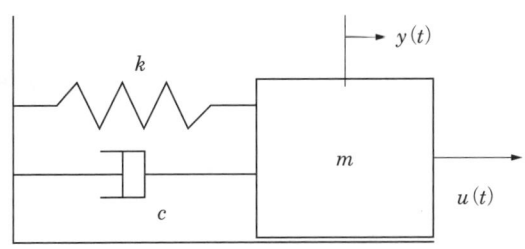

図1.6 質量－バネ・ダンパー系

図1.6の例のように系の入力と出力の関係が微分方程式で表現される場合のことをダイナミカルシステムといい、**動的システム**と表現されることもある。

これに対して例えば，

$$y(t) = ku(t) \tag{1.2}$$

のように入出力関係が比例関係のみで表現される場合は**静的システム**と呼ばれる。

図1.6は単なる例ではなく、実際にこの原理的なモデルで表現できる動的システムは多い。図1.6を縦にして考えれば車のサスペンション系統のモデルになる。また航空宇宙工学でしばしば用いられる加速度計も図1.6のモデルで考えることができる。加速度計の場合には質量mに働く加速度αが入力であり、この場合には慣性力$-m\alpha$という形で質量に作用する。即ち (1.1) 式の外力$u(t)$が$-m\alpha$である。出力は質量の変位であり変位量を計測して入力加速度αの大きさを知るのが加速度計である。

(1.1)式は時間に関する微分だから、(1.1)式のような動的システムの表現を時

間領域での表現という．現代制御理論では動的システムを時間領域表現のままで取り扱うが，本書で説明する古典制御理論では時間領域表現を s 領域での表現に変換して用いるのが基本である．ここで s とはラプラス変換の s であり，古典制御理論はラプラス変換を抜きにしては考えられない．

そこで第 2 章では，しばらく動的システムから離れて純粋に数学的な手法としてのラプラス変換について考えよう．

第1章 練習問題

1 電気ポットについて図 1.4 のブロック線図を描き各ブロックおよび信号名称を具体的に記入せよ．
2 図 1.6 の加速度計モデルについて加速度が作用した場合の作用する加速度の方向とバネの伸び縮みの関係を示せ．
3 静的システムと動的システムの説明をせよ．
4 静的システムの例を挙げよ．
5 動的システムの例を挙げよ．

第 2 章

ラプラス変換

　ラプラス変換そのものは純粋に数学的な操作であり物理的な意味があるわけではない。ただ古典制御理論において時間関数を取り扱う際に，ラプラス変換を用いると大変に便利なのである。その便利さ加減はおいおい古典制御理論を学ぶに従って実感できることで，ここでは便利さとか物理的な意味合いなどは全て度外視して単純に数学的な操作としてのラプラス変換について説明する。ラプラスの s は複素数の性質を持っているので，まず複素数の説明から始めよう。

2・1　複素数

　実数 x, y と，虚数単位
$$j = \sqrt{-1} \tag{2.1}$$
とから組み立てられた数
$$z = x + jy \tag{2.2}$$
を**複素数**という。虚数単位の記号として数学では i を用いるが，制御工学では一般に j を用いる。x と y はそれぞれ複素数 z の実部，虚部と呼ばれ，
$$x = Re(z) \quad , \quad y = Im(z) \tag{2.3}$$
で表す。Re は実数（Real），Im は虚数（Imaginary）の略記号である。実数は虚部

第2章 ラプラス変換

が0の複素数と見なすことができ，実部が0の複素数は純虚数と呼ばれる。
複素数zに対して，

$$\bar{z} = x - jy \tag{2.4}$$

を**共役複素数**という。

複素数の四則演算はjを文字として取り扱い，j^2が発生したら(2.1)式からこれを-1と置けばよい。

$$(a + jb) \pm (c + jd) = (a \pm c) + j(b \pm d) \tag{2.5}$$

$$(a + jb)(c + jd) = (ac - bd) + j(ad + bc) \tag{2.6}$$

$$\frac{a + jb}{c + jd} = \frac{(a + jb)(c - jd)}{(c + jd)(c - jd)} = \frac{ac + bd}{c^2 + d^2} + j\frac{bc - ad}{c^2 + d^2} \tag{2.7}$$

複素数zは，横軸に実部，縦軸に虚部をとった複素平面上でのベクトルで表すことができる。

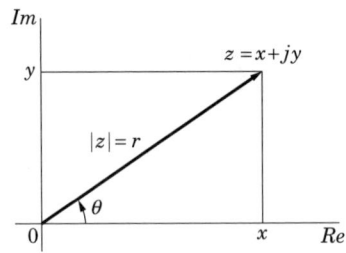

図2.1 復素平面

図2.1で，

$$|z| = r = \sqrt{x^2 + y^2} \tag{2.8}$$

$$\theta = \tan^{-1}\frac{y}{x} \tag{2.9}$$

である。θを**偏角**，あるいは**位相角**という。複素数zを(r, θ)で表せば，

$$z = r(\cos\theta + j\sin\theta) \tag{2.10}$$

である。ここでオイラーの公式

2.1 複素数

$$e^{j\theta} = \cos\theta + j\sin\theta \tag{2.11}$$

$$e^{-j\theta} = \cos\theta - j\sin\theta \tag{2.12}$$

を用いれば(2.10)式は(2.11)式から,

$$z = re^{j\theta} \tag{2.13}$$

と表現することができる。(2.13)式の表現を**極座標形式**という。複素数はその絶対値と偏角で決まるという意味で, 第5章以降では, 例えばある複素関数 $G(z)$ について,

$$G(z) = |G(z)|\angle G(z) \tag{2.14}$$

という表現を用いる。この表現の具体的な意味は(2.13)式と同じである。

尚, 参考として, オイラーの公式から,

$$\cos\theta = \frac{e^{j\theta} + e^{-j\theta}}{2} \tag{2.15}$$

$$\sin\theta = \frac{e^{j\theta} - e^{-j\theta}}{2j} \tag{2.16}$$

であり,

$$z^n = r^n(\cos\theta + j\sin\theta)^n = r^n(\cos n\theta + j\sin n\theta) \tag{2.17}$$

が成り立つ(章末練習問題)。(2.17)式は**ド・モアブルの定理**という。(2.15)式, (2.16)式は工学でしばしば用いられる重要な公式である。

例題2.1

複素数 $z = -2 + j2\sqrt{3}$ を $z = re^{j\theta}$ の形で表せ。

$r = |z| = \sqrt{(-2)^2 + (2\sqrt{3})^2} = 4$

$\theta = \dfrac{\pi}{2} + \dfrac{\pi}{6} = \dfrac{2}{3}\pi$

従って, $z = 4e^{j\frac{2}{3}\pi}$ である。

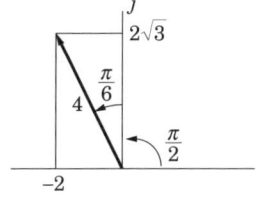

図 2.2　ベクトル図

第2章 ラプラス変換

例題2.2

複素数 $z = 2e^{-j\frac{1}{3}\pi}$ を直交座標形式で表せ。

解答

$$z = 2e^{-j\frac{1}{3}\pi} = 2\left\{\cos\left(\frac{1}{3}\pi\right) - j\sin\left(\frac{1}{3}\pi\right)\right\} = 1 - j\sqrt{3}$$

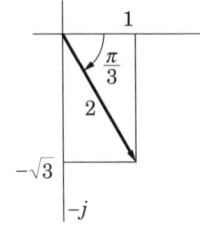

図 2.3 ベクトル図

2.2 ラプラス変換

一般に工学では時刻 t に関する関数 $f(t)$ を取り扱うことが多い。機械力学などではこの時間関数を $f(t)$ のままで用いることが多いが，制御工学では $f(t)$ に1対1に対応した複素関数 $F(s)$ に変換して用いる。ここで s は複素数であり，1対1とは一つの $f(t)$ に対して唯一の $F(s)$ が決定され，また逆に一つの $F(s)$ は唯一の $f(t)$ に戻るという意味である。この変換を模式的に書けば次のとおりである。

$$f(t) \Rightarrow [\text{ある操作}] \Rightarrow F(s)$$

ここである操作という部分がラプラス変換と呼ばれる演算であり，この操作により $f(t)$ が $F(s)$ という形に姿を変えるのである。

＜定義：ラプラス変換＞

$t \geq 0$ で定義された関数 $f(t)$ に対して s を複素数として，

$$\int_0^\infty f(t)e^{-st}dt \qquad (2.18)$$

を考え，この積分が有界のとき，

$$F(s) = \int_0^\infty f(t)e^{-st}dt \qquad (2.19)$$

を関数 $f(t)$ の**ラプラス変換**といい，$F(s) = \mathcal{L}[f(t)]$ で表す。

(2.18) 式の積分が有界であるということの数学的な意味に神経質になることはない。(2.18) 式は時間 t に関する定積分だから t に関して $[0 \sim \infty]$ の値を代入したときの積分結果が s の関数として表現できていればそれでよいのである。定積分の結果は s の関数になるからそれを $F(s)$ と表現して時間関数 $f(t)$ のラプラス変換という。代表的な時間関数のラプラス変換を表 2.1 に示す。

表 2.1 ラプラス変換表

関数名	時間関数 $f(t)$ $t<0$ で $f(t)=0$ とする	ラプラス変換 $F(s)$
単位インパルス関数	$\delta(t)$	1
単位ステップ関数	1	$\dfrac{1}{s}$
単位ランプ関数	t	$\dfrac{1}{s^2}$
指数関数	$e^{-\alpha t}$	$\dfrac{1}{s+\alpha}$
正弦関数	$\sin\omega t$	$\dfrac{\omega}{s^2+\omega^2}$
余弦関数	$\cos\omega t$	$\dfrac{s}{s^2+\omega^2}$
その他	t^n	$\dfrac{n!}{s^{n+1}}$
その他	$t^n e^{-\alpha t}$	$\dfrac{n!}{(s+\alpha)^{n+1}}$
その他	$e^{-\alpha t}\sin\omega t$	$\dfrac{\omega}{(s+\alpha)^2+\omega^2}$
その他	$e^{-\alpha t}\cos\omega t$	$\dfrac{s+\alpha}{(s+\alpha)^2+\omega^2}$

例題 2.3

単位ステップ関数 $u(t)$ をラプラス変換せよ。

解答
$$\begin{aligned} u(t) &= 0 \quad && t < 0 \\ &= 1 \quad && t \geq 0 \end{aligned} \tag{2.20}$$

を単位ステップ関数（Unit Step Function）といい，制御工学では特に $u(t)$ で表す慣わしである。$t \geq 0$ で一定値 a のステップ関数は $f(t) = au(t)$ と表現される。そこでこれらの関数のラプラス変換は，

$$\begin{aligned} \mathcal{L}[u(t)] &= \int_0^\infty 1 \cdot e^{-st} dt = -\frac{1}{s} \left| e^{-st} \right|_0^\infty = \frac{1}{s} \\ \mathcal{L}[au(t)] &= \int_0^\infty a e^{-st} dt = -\frac{a}{s} \left| e^{-st} \right|_0^\infty = \frac{a}{s} \end{aligned} \tag{2.21}$$

例題 2.4

指数関数 e^{-at} をラプラス変換せよ。

解答
$$\mathcal{L}[e^{-at}] = \int_0^\infty e^{-at} e^{-st} dt = \int_0^\infty e^{-(s+a)t} dt = -\frac{1}{s+a} \left| e^{-(s+a)t} \right|_0^\infty = \frac{1}{s+a} \tag{2.22}$$

例題 2.5

ランプ関数 $r(t)$ をラプラス変換せよ。

解答
$$\begin{aligned} r(t) &= 0 \quad && t < 0 \\ &= t \quad && t \geq 0 \end{aligned}$$

を単位ランプ関数といい，$r(t)$ で表す。

$$\mathcal{L}[r(t)] = \int_0^\infty t e^{-st} dt$$

ここでまず部分積分法について整理しておこう。二つの関数 $f(t)$, $g(t)$ がある場合、この二つの関数の積の積分は、

$$\int_0^\infty f(t)g(t)dt = \left| f(t)\int g(t)dt \right|_0^\infty - \int_0^\infty \frac{df(t)}{dt}\int g(t)dt\,dt \tag{2.23}$$

この部分積分法を用いれば、(2.23) 式で $f(t)=t$, $g(t)=e^{-st}$ と置いて、

$$\int_0^\infty te^{-st}dt = \left| t\int e^{-st}dt \right|_0^\infty - \int_0^\infty 1\cdot \int e^{-st}dt\cdot dt = \left| -t\frac{e^{-st}}{s} \right|_0^\infty + \int_0^\infty 1\cdot \frac{e^{-st}}{s}dt$$

$$= \left| -t\frac{e^{-st}}{s} \right|_0^\infty - \left| \frac{e^{-st}}{s^2} \right|_0^\infty$$

である。ここで、ロピタルの定理を使えば、

$$\lim_{t\to\infty}\left[-t\frac{e^{-st}}{s} \right] = \lim_{t\to\infty}\left[\frac{-t}{se^{st}} \right] = \lim_{t\to\infty}\left[\frac{-1}{s^2 e^{st}} \right] = 0 \ , \quad \lim_{t\to 0}\left[-t\frac{e^{-st}}{s} \right] = 0$$

だから、

$$\mathcal{L}\left[r(t) \right] = -\left| \frac{e^{-st}}{s^2} \right|_0^\infty = \frac{1}{s^2} \tag{2.24}$$

例題 2.6

t^n をラプラス変換せよ。

解答 ここでも部分積分法を用いて、

$$\mathcal{L}\left[t^n \right] = \int_0^\infty t^n e^{-st}dt = \left| -t^n \frac{e^{-st}}{s} \right|_0^\infty + \int_0^\infty nt^{n-1}\frac{e^{-st}}{s}dt$$

である。ここで第 1 項について、

$$\lim_{t\to\infty}\left[-t^n \frac{e^{-st}}{s} \right] = \lim_{t\to\infty}\left[\frac{-t^n}{se^{st}} \right] = \lim_{t\to\infty}\left[\frac{-nt^{n-1}}{s^2 e^{st}} \right] = \cdots = \lim_{t\to\infty}\left[\frac{-n!}{s^{n+1}e^{st}} \right] = 0$$

$$\lim_{t \to 0}\left[-t^n \frac{e^{-st}}{s}\right] = 0$$

だから，

$$\mathcal{L}[t^n] = \frac{n}{s}\int_0^\infty t^{n-1}e^{-st}dt = \frac{n}{s}\mathcal{L}[t^{n-1}] = \cdots = \frac{n!}{s^n}\mathcal{L}[1]$$

である。$\mathcal{L}[1] = \frac{1}{s}$ だから，

$$\mathcal{L}[t^n] = \frac{n!}{s^{n+1}} \tag{2.25}$$

例題2.7

三角関数 $\sin\omega t$, $\cos\omega t$ をラプラス変換せよ。

解答 オイラーの公式から，

$$\sin\omega t = \frac{e^{j\omega t} - e^{-j\omega t}}{2j} \quad , \quad \cos\omega t = \frac{e^{j\omega t} + e^{-j\omega t}}{2}$$

を用いて，

$$\mathcal{L}[\sin\omega t] = \frac{1}{2j}\mathcal{L}[e^{j\omega t} - e^{-j\omega t}] = \frac{1}{2j}\left[\int_0^\infty e^{-(s-j\omega)t}dt - \int_0^\infty e^{-(s+j\omega)t}dt\right]$$

$$= \frac{1}{2j}\left\{\frac{-1}{s-j\omega}\left|e^{-(s-j\omega)t}\right|_0^\infty + \frac{1}{s+j\omega}\left|e^{-(s+j\omega)t}\right|_0^\infty\right\}$$

$$= \frac{1}{2j}\left(\frac{1}{s-j\omega} - \frac{1}{s+j\omega}\right) = \frac{\omega}{s^2+\omega^2} \tag{2.26}$$

である。全く同様に，

$$\mathcal{L}[\cos\omega t] = \frac{1}{2}\mathcal{L}[e^{j\omega t} + e^{-j\omega t}] = \frac{s}{s^2+\omega^2} \tag{2.27}$$

例題2.8

第4章表4.1(P.52)の単位インパルス関数(デルタ関数)をラプラス変換せよ。

解答 デルタ関数については次の公式がある。

$$\int_{\alpha}^{\beta} f(t)\delta(t-a)dt = f(a) \quad \alpha \leqq a \leqq \beta \tag{2.28}$$

そこでまず$\delta(t-a)$のラプラス変換を考えれば,

$$\mathcal{L}\bigl[\delta(t-a)\bigr] = \int_{0}^{\infty} \delta(t-a)e^{-st}dt = e^{-as} \tag{2.29}$$

である。(2.29)式で$a \to 0$の極限を考えれば,

$$\mathcal{L}\bigl[\delta(t)\bigr] = \lim_{a \to 0} \mathcal{L}\bigl[\delta(t-a)\bigr] = \lim_{a \to 0} e^{-as} = 1 \tag{2.30}$$

2.3 ラプラス変換の諸定理

(1) 加法性

任意の数c_1, c_2に対して,

$$\mathcal{L}\bigl[c_1 f_1(t) + c_2 f_2(t)\bigr] = c_1 \mathcal{L}\bigl[f_1(t)\bigr] + c_2 \mathcal{L}\bigl[f_2(t)\bigr] \tag{2.31}$$

が成り立つ。

例題2.9

$f(t) = 2t + 3e^{-2t}$のラプラス変換を示せ。

解答
$$\mathcal{L}\bigl[2t + 3e^{-2t}\bigr] = 2\mathcal{L}\bigl[t\bigr] + 3\mathcal{L}\bigl[e^{-2t}\bigr] = \frac{2}{s^2} + \frac{3}{s+2}$$

（2）相似性

$a > 0$として，

$$\mathcal{L}[f(at)] = \int_0^\infty f(at)e^{-st}dt = \frac{1}{a}\int_0^\infty f(\tau)e^{-\frac{s}{a}\tau}d\tau = \frac{1}{a}F\left(\frac{s}{a}\right) \tag{2.32}$$

例題2.10

例題2.9の問題を(2.32)式を用いてラプラス変換せよ。

解答 関数$f(t) = 2t + 3e^{-2t}$は，仮に$g(t) = t + 3e^{-t}$という関数を考えれば$f(t) = g(2t)$とみなすことができる。（$g(t)$でtを$2t$に置き換える）そこで，$\mathcal{L}[g(t)] = \frac{1}{s^2} + \frac{3}{s+1}$だから$g(2t)$のラプラス変換は(2.32)式で$a = 2$の場合に相当し，

$$\mathcal{L}[f(t)] = \mathcal{L}[g(2t)] = \frac{1}{2}\left\{\frac{1}{\left(\frac{s}{2}\right)^2} + \frac{3}{\frac{s}{2}+1}\right\} = \frac{2}{s^2} + \frac{3}{s+2}$$

である。ただし，この公式を実際に使うことはほとんどない。

（3）積分のラプラス変換

ラプラス変換の定義式に対して直接(2.23)式の部分積分を実施して，

$$F(s) = \int_0^\infty f(t)e^{-st}dt = \left|e^{-st}\int f(t)dt\right|_0^\infty - \int_0^\infty \left(\int f(t)dt\right)(-se^{-st})dt$$

である。ここで，$\int f(t)dt = f^{-1}(t)$と置けば，

$$\left|e^{-st}\int f(t)dt\right|_0^\infty = -f^{-1}(0)$$

だから，

$$F(s) = -f^{-1}(0) + s\int_0^\infty f^{-1}(t)e^{-st}dt$$

である。最後の項は関数$f^{-1}(t)$のラプラス変換を表しているから，

である。

$$\mathcal{L}\left[f^{-1}(t)\right] = \mathcal{L}\left[\int f(t)dt\right] = \frac{1}{s}F(s) + \frac{1}{s}f^{-1}(0) \qquad (2.33)$$

である。(2.33)式で初期値がゼロのときは,

$$\mathcal{L}\left[f^{-1}(t)\right] = \mathcal{L}\left[\int f(t)dt\right] = \frac{1}{s}F(s) \qquad (2.34)$$

である。(2.33)式を関数の積分のラプラス変換という。初期値が全てゼロの場合は,

$$\mathcal{L}\left[f^{-2}(t)\right] = \mathcal{L}\left[\iint f(t)dt^2\right] = \frac{1}{s^2}F(s)$$

$$\mathcal{L}\left[f^{-n}(t)\right] = \mathcal{L}\left[\iint \cdots \int f(t)dt^n\right] = \frac{1}{s^n}F(s) \qquad (2.35)$$

である。この積分のラプラス変換は次の微分のラプラス変換と併せて,第3章以降のモデル化の段階でたびたび用いられる。実際には初期値の部分はほとんどの場合ゼロだから,初期値の項については気にしなくてよい。

例題2.11

単位インパルス関数$\delta(t)$,単位ステップ関数$u(t)$,単位ランプ関数$r(t)$について積分のラプラス変換の関係を確認せよ。

解答 この三つの関数については第4章の表4.1に示しており,単位インパルス関数の積分が単位ステップ関数,単位ステップ関数の積分が単位ランプ関数の関係になっている。即ち,$\int \delta(t)dt = u(t)$,$\int u(t)dt = r(t)$である。$\mathcal{L}[\delta(t)] = 1$だから,

$$\mathcal{L}[u(t)] = \mathcal{L}\left[\int \delta(t)dt\right] = \frac{1}{s}\mathcal{L}[\delta(t)] = \frac{1}{s}$$

$$\mathcal{L}[r(t)] = \mathcal{L}\left[\int u(t)dt\right] = \frac{1}{s}\mathcal{L}[u(t)] = \frac{1}{s^2}$$

（4）微分のラプラス変換

$$F(s) = \int_0^\infty f(t)e^{-st}dt$$

$$= \left| -f(t)\frac{e^{-st}}{s} \right|_0^\infty + \int_0^\infty \frac{df(t)}{dt}\frac{e^{-st}}{s}dt = \frac{1}{s}f(0) + \frac{1}{s}\int_0^\infty \frac{df(t)}{dt}e^{-st}dt$$

ここで

$$\int_0^\infty \frac{df(t)}{dt}e^{-st}dt = \mathcal{L}\left[\frac{df(t)}{dt}\right]$$

だから，

$$\mathcal{L}\left[\frac{df(t)}{dt}\right] = sF(s) - f(0) \tag{2.36}$$

$f(0) = 0$ のときは，

$$\mathcal{L}\left[\frac{df(t)}{dt}\right] = sF(s) \tag{2.37}$$

である。(2.36)式を関数の微分のラプラス変換という。以上の計算を繰り返すと，

$$\mathcal{L}\left[\frac{d^2f(t)}{dt^2}\right] = s\mathcal{L}\left[\frac{df(t)}{dt}\right] - f'(0) = s^2F(s) - sf(0) - f'(0) \tag{2.38}$$

である。(2.38)式で初期値が全てゼロのとき，

$$\mathcal{L}\left[\frac{d^2f(t)}{dt^2}\right] = s^2F(s) \tag{2.39}$$

である。一般に，全ての初期値がゼロのとき，

$$\mathcal{L}\left[\frac{d^nf(t)}{dt^n}\right] = s^nF(s) \tag{2.40}$$

が成り立つ。

例題 2.12

単位インパルス関数 $\delta(t)$，単位ステップ関数 $u(t)$，単位ランプ関数 $r(t)$ について微分のラプラス変換の関係を確認せよ。

解答 単位ランプ関数の微分が単位ステップ関数，単位ステップ関数の微分が単位インパルス関数の関係になっている。従って，ランプ関数のラプラス変換 $\dfrac{1}{s^2}$ の s 倍が単位ステップ関数のラプラス変換，更に s 倍したものが単位インパルス関数のラプラス変換である。

（5） 初期値の定理

(2.36)式で左辺をラプラス変換の定義式に書き直せば，

$$\int_0^\infty \frac{df(t)}{dt} e^{-st} dt = sF(s) - f(0) \tag{2.41}$$

である。(2.41)式で $s \to \infty$ にすると左辺はゼロである。従って，

$$f(0) = \lim_{s \to \infty} sF(s) \tag{2.42}$$

を得る。(2.42)式を初期値の定理という。

例題 2.13

例題2.7の三角関数について初期値の定理を確認せよ。

解答 正弦関数について

$$\sin(0) = \lim_{s \to \infty} s \frac{\omega}{s^2 + \omega^2} = 0$$

余弦関数について

$$\cos(0) = \lim_{s \to \infty} s \frac{s}{s^2 + \omega^2} = 1$$

即ち，$t=0$ のとき，$\sin\omega t = 0$，$\cos\omega t = 1$ であり，初期値の定理は正しい。

（6）最終値の定理

再び(2.36)式で $s \to 0$ を考えると，$\lim_{s \to 0} e^{-st} = 1$ だから，

$$\int_0^\infty \frac{df(t)}{dt} dt = \lim_{s \to 0} sF(s) - f(0)$$

$$\lim_{t \to \infty} f(t) - f(0) = \lim_{s \to 0} sF(s) - f(0)$$

である。従って，

$$\lim_{t \to \infty} f(t) = \lim_{s \to 0} sF(s) \tag{2.43}$$

である。(2.43)式を最終値の定理という。

例題2.14

$F(s) = \dfrac{1}{s+1}$ について最終値の定理を確認せよ。

解答 $\lim_{t \to \infty} f(t) = \lim_{s \to 0} s \cdot \dfrac{1}{s+1} = 0$ である。事実，$\dfrac{1}{s+1} = \mathcal{L}[e^{-t}]$ であり，$\lim_{t \to \infty} e^{-t} = 0$ である。

この定理は，いちいちラプラス逆変換して時間領域での表現に戻ることなく，s 領域のまま時間領域での最終値を知ることが出来るという意味で第4章以降大変有用である。初期値の定理はほとんど使われることはないが，最終値の定理は制御系設計においてたびたび用いられる重要な定理である。

（7）推移定理
（1）t 領域での推移

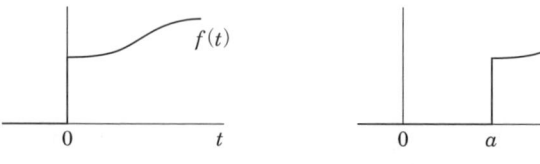

図2.4　t 領域での推移

$$\mathcal{L}[f(t-a)] = \int_0^\infty e^{-st} f(t-a) dt \text{ において } t - a = \tau \text{ とおけば,}$$

$$\int_0^\infty e^{-st} f(t-a) dt = e^{-as} \int_{-a}^\infty e^{-s\tau} f(\tau) d\tau = e^{-as} \int_0^\infty e^{-s\tau} f(\tau) d\tau = e^{-as} F(s)$$

だから,

$$\mathcal{L}[f(t-a)] = e^{-as} F(s) \tag{2.44}$$

を得る。ただし $f(t-a) = 0$ $(t < a)$ である。(2.44)式を t 領域での推移定理という。

例題2.15

時間遅れのあるステップ関数 $Ku(t-a)$ をラプラス変換せよ。ただし $t < a$ のとき $u(t-a) = 0$ であり,K は定数である。

$$\mathcal{L}[Ku(t-a)] = K\mathcal{L}[u(t-a)] = Ke^{-as}\mathcal{L}[u(t)] = \frac{Ke^{-as}}{s}$$

(2) s 領域での推移

$$\mathcal{L}[e^{at} f(t)] = \int_0^\infty e^{at} f(t) e^{-st} dt = \int_0^\infty f(t) e^{-(s-a)t} dt = F(s-a)$$

だから,

$$\mathcal{L}[e^{at} f(t)] = F(s-a) \tag{2.45}$$

を得る。(2.45)式を s 領域での推移定理という。

以上のラプラス変換の諸定理を表2.2にまとめてしめす。

例題 2.16

関数 $f(t)=e^{-at}$ を s 領域での推移定理を用いてラプラス変換せよ。

解答 単位ステップ関数を用いれば $f(t)=e^{-at}u(t)$ と考えることができる。従って

$$\mathcal{L}\left[e^{-at}\right] = \mathcal{L}\left[e^{-at}u(t)\right] = \frac{1}{s+a}$$

表 2.2 ラプラス変換の性質

線形性	$\mathcal{L}\left[c_1 f_1(t) + c_2 f_2(t)\right] = c_1 F_1(s) + c_2 F_2(s)$
時間領域推移	$\mathcal{L}\left[f(t-\alpha)\right] = e^{-\alpha s} F(s) \quad \alpha > 0$
s 領域推移	$\mathcal{L}\left[e^{\alpha t} f(t)\right] = F(s-\alpha)$
相似性	$\mathcal{L}\left[f(at)\right] = \frac{1}{a} F\left(\frac{s}{a}\right) \quad a > 0$
時間微分	$\mathcal{L}\left[\frac{d}{dt} f(t)\right] = sF(s) - f(0)$
時間積分	$\mathcal{L}\left[\int_0^t f(t)dt\right] = \frac{1}{s} F(s) + \frac{1}{s} f^{(-1)}(0)$
たたみ込み積分	$\mathcal{L}\left[\int_0^t f(t-\tau)g(\tau)d\tau\right] = F(s)G(s)$
初期値の定理	$f(0) = \lim_{s \to \infty} sF(s)$
最終値の定理	$\lim_{t \to \infty} f(t) = \lim_{s \to 0} sF(s)$

注:たたみ込み積分については4.1節参照。

2.4 ラプラス逆変換

$F(s)$ から,もとの時間関数 $f(t)$ を求めることを**ラプラス逆変換**という。ラプラス逆変換は,

$$f(t) = \frac{1}{2\pi j}\int_{c-j\infty}^{c+j\infty} F(s)e^{st}ds \tag{2.46}$$

で定義され $\mathcal{L}^{-1}\bigl[F(s)\bigr]$ と表現される。(2.46)式の複素積分は，一般に複素関数 $z(s)$ の $s=s_i$ における留数を $Res\bigl[z(s)\bigr]_{s=s_i}$ で表現すれば，

$$f(t) = \sum_{i=1}^{n} Res\bigl[F(s)e^{st}\bigr]_{s=s_i} \tag{2.47}$$

で求めることができる。ここで s_i は複素関数 $F(s)e^{st}$ の極である。尚，一般に複素関数 $z(s)$ について $s=a$ が κ 位の極の場合，$s=a$ における留数は，

$$Res\bigl[z(s)\bigr]_{s=a} = \frac{1}{(\kappa-1)!}\lim_{s\to a}\frac{d^{\kappa-1}}{ds^{\kappa-1}}\bigl[(s-a)^{\kappa} z(s)\bigr] \tag{2.48}$$

で与えられる。特に $s=a$ が一位の極の場合には，

$$Res\bigl[z(s)\bigr]_{s=a} = \lim_{s\to a}\bigl[(s-a)z(s)\bigr] \tag{2.49}$$

例題 2.17

(1) $\dfrac{1}{s+a}$ 　(2) $\dfrac{1}{(s+a)^2}$ をラプラス逆変換せよ。

解答 (1) $s=-a$ が1位の極である。従って，

$$\mathcal{L}^{-1}\left[\frac{1}{s+a}\right] = \lim_{s\to -a}(s+a)\frac{e^{st}}{s+a} = e^{-at}$$

(2) $s=-a$ が2位の極である。従って，

$$\mathcal{L}^{-1}\left[\frac{1}{(s+a)^2}\right] = \lim_{s\to -a}\frac{d}{ds}(s+a)^2 \frac{e^{st}}{(s+a)^2} = \lim_{s\to -a} te^{st} = te^{-at}$$

また本質的には留数法と同様のことであるがラプラス逆変換のもう一つの方法としてヘビサイド（Heviside）の展開定理を用いる方法がある。以下，例を用いて説明しよう。

第2章　ラプラス変換

例題2.18 ━━━━━━━━━━━━━━━━━━━━━━

$F(s) = \dfrac{s+5}{(s+1)(s+3)}$ をラプラス逆変換せよ。

解答　① **ヘビサイドの展開定理による方法**

$F(s)$ を部分分数に分解すると,

$$F(s) = \frac{k_0}{s+1} + \frac{k_1}{s+3}$$

と表現することができる。ここで k_0, k_1 はヘビサイドの展開定理により,

$$k_0 = \lim_{s \to -1}(s+1)F(s) = \lim_{s \to -1}\frac{s+5}{s+3} = 2$$

$$k_1 = \lim_{s \to -3}(s+3)F(s) = \lim_{s \to -3}\frac{s+5}{s+1} = -1$$

である。従って,

$$F(s) = \frac{2}{s+1} - \frac{1}{s+3}$$

である。また表2.1より,

$$\mathcal{L}^{-1}\left[\frac{1}{s+\alpha}\right] = e^{-\alpha t}$$

だから,

$$\mathcal{L}^{-1}\left[F(s)\right] = 2e^{-t} - e^{-3t}$$

② **留数による方法**

$F(s)e^{st}$ の極は $s = -1$ と $s = -3$ でいずれも1位の極である。

$s = -1$ に対する $F(s)e^{st}$ の留数は

$$\lim_{s \to -1}(s+1)F(s)e^{st} = \lim_{s \to -1}\frac{s+5}{s+3}e^{st} = 2e^{-t}$$

$s = -3$ に対する $F(s)e^{st}$ の留数は

$$\lim_{s \to -3}(s+3)F(s)e^{st} = \lim_{s \to -3}\frac{s+5}{s+1}e^{st} = -e^{-3t}$$

である。従って，
$$\mathcal{L}^{-1}[F(s)] = 2e^{-t} - e^{-3t}$$
である。当然のことながら①の結果に等しい。

例題 2.19

$F(s) = \dfrac{-4}{(s+1)^2(s+3)}$ をラプラス逆変換せよ。

解答 ① ヘビサイドの展開定理による方法

$F(s)$ を部分分数に分解すると，
$$F(s) = \frac{k_0}{s+1} + \frac{k_1}{(s+1)^2} + \frac{k_2}{s+3}$$

である。ここで，
$$k_0 = \lim_{s \to -1} \frac{d}{ds}(s+1)^2 F(s) = \lim_{s \to -1} \frac{d}{ds}\left(\frac{-4}{s+3}\right) = \lim_{s \to -1} \frac{4}{(s+3)^2} = 1$$

$$k_1 = \lim_{s \to -1}(s+1)^2 F(s) = \lim_{s \to -1} \frac{-4}{s+3} = -2$$

$$k_2 = \lim_{s \to -3}(s+3)F(s) = \lim_{s \to -3} \frac{-4}{(s+1)^2} = -1$$

である。また表 2.1 より，
$$\mathcal{L}^{-1}\left[\frac{1}{(s+\alpha)^2}\right] = te^{-\alpha t}$$

だから，
$$\mathcal{L}^{-1}[F(s)] = e^{-t} - 2te^{-t} - e^{-3t}$$

② 留数による方法

極は $s=-1$ と $s=-3$ であり，$s=-1$ は 2 位の極である。
$s=-1$ に対する $F(s)e^{st}$ の留数は

$$\lim_{s \to -1} \frac{d}{ds}(s+1)^2 F(s) e^{st} = \lim_{s \to -1} \frac{d}{ds}\left(\frac{-4}{s+3} e^{st}\right)$$

$$= \lim_{s \to -1}\left[\frac{4e^{st}}{(s+3)^2} - \frac{4t}{s+3} e^{st}\right] = e^{-t} - 2te^{-t}$$

$s = -3$ に対する $F(s) e^{st}$ の留数は

$$\lim_{s \to -3}(s+3) F(s) e^{st} = \lim_{s \to -3} \frac{-4}{(s+1)^2} e^{st} = -e^{-3t}$$

である。従って，

$$\mathcal{L}^{-1}\bigl[F(s)\bigr] = e^{-t} - 2te^{-t} - e^{-3t}$$

例題 2.20

$F(s) = \dfrac{k(1 - e^{-as})}{s(1 + Ts)}$ をラプラス逆変換せよ。

解答 まず $F(s)$ を，

$$F(s) = k\left\{\frac{1}{s(1+Ts)} - \frac{e^{-as}}{s(1+Ts)}\right\}$$

に分解する。このとき右辺第1項の逆変換を $f(t)$ とおけば，第2項の逆変換は時間領域での推移定理により $f(t-a)$ である。従って右辺第1項の逆変換を考えればよい。

① ヘビサイドの展開定理による方法

$$\mathcal{L}^{-1}\left[\frac{k}{s(1+Ts)}\right] = \mathcal{L}^{-1}\left[\frac{k}{T} \cdot \frac{1}{s} \cdot \frac{1}{\left(s + \frac{1}{T}\right)}\right] = \frac{k}{T} \mathcal{L}^{-1}\left[\frac{k_0}{s} + \frac{k_1}{s + \frac{1}{T}}\right]$$

から，

$$k_0 = \lim_{s \to 0} \frac{1}{s + \frac{1}{T}} = T$$

$$k_1 = \lim_{s \to -\frac{1}{T}} \frac{1}{s} = -T$$

である。ここで $\mathcal{L}^{-1}\left[\dfrac{1}{s}\right]=1$ だから，

$$\mathcal{L}^{-1}\left[\dfrac{k}{s(1+Ts)}\right]=k\left(1-e^{-\frac{t}{T}}\right)$$

である。また第2項では t 領域における推移定理(2.44)式を用いて，

$$\mathcal{L}^{-1}\left[\dfrac{ke^{-as}}{s(1+Ts)}\right]=k\left(1-e^{-\frac{1}{T}(t-a)}\right)\cdot u(t-a) \quad , \quad u(t)\text{は単位ステップ関数}$$

だから，

$$\mathcal{L}^{-1}\left[\dfrac{k(1-e^{-as})}{s(1+Ts)}\right]=k\left(1-e^{-\frac{t}{T}}\right)-k\left(1-e^{-\frac{1}{T}(t-a)}\right)\cdot u(t-a)$$

② 留数による方法

$s=0$ における留数は，

$$\lim_{s\to 0} s\cdot \dfrac{k}{Ts}\cdot \dfrac{1}{\left(s+\dfrac{1}{T}\right)} e^{st}=k$$

であり，$s=-\dfrac{1}{T}$ における留数は，

$$\lim_{s\to -\frac{1}{T}}\left(s+\dfrac{1}{T}\right)\cdot \dfrac{k}{Ts}\cdot \dfrac{1}{\left(s+\dfrac{1}{T}\right)} e^{st}=-ke^{-\frac{t}{T}}$$

である。従って，

$$\mathcal{L}^{-1}\left[\dfrac{k}{s(Ts+1)}\right]=k\left(1-e^{-\frac{t}{T}}\right)$$

である。また第2項では t 領域における推移定理(2.44)式を用いて，

$$\mathcal{L}^{-1}\left[\dfrac{ke^{-as}}{s(1+Ts)}\right]=k\left(1-e^{-\frac{1}{T}(t-a)}\right)\cdot u(t-a)$$

である。従って，

$$\mathcal{L}^{-1}\left[\dfrac{k(1-e^{-as})}{s(Ts+1)}\right]=k\left(1-e^{-\frac{t}{T}}\right)-k\left(1-e^{-\frac{1}{T}(t-a)}\right)\cdot u(t-a)$$

第2章 練習問題

1 複素数 z_1, z_2 について，次の式を証明せよ．

(1) $z_1 z_2 = r_1 r_2 \{\cos(\theta_1 + \theta_2) + j\sin(\theta_1 + \theta_2)\}$

(2) $\dfrac{z_1}{z_2} = \dfrac{r_1}{r_2} \{\cos(\theta_1 - \theta_2) + j\sin(\theta_1 - \theta_2)\}$

ただし，$z_1 = r_1(\cos\theta_1 + j\sin\theta_1)$, $z_2 = r_2(\cos\theta_2 + j\sin\theta_2)$ である．

2 本文 (2.17) 式を証明せよ．

3 $t > 0$ で定義される次の関数についてラプラス変換せよ．

(1) $ae^{-\alpha t}$ (2) $te^{-\alpha t}$ (3) $\sin(\omega t + \alpha)$ (4) $e^{-\alpha t}\sin\omega t$ (5) $e^{-\alpha t}\cos\omega t$

4 次の関数についてラプラス逆変換せよ．

(1) $\dfrac{1}{s(s+2)}$ (2) $\dfrac{1}{s^2(s+2)}$ (3) $\dfrac{s+1}{s^2+2s+5}$ (4) $\dfrac{s+1}{s+3}$ (5) $\dfrac{e^{-2s}}{s^2+2s+3}$

5 図の関数をラプラス変換せよ．

(1)

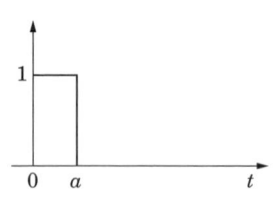

(2)

図 2.5　パルス関数　　　　図 2.6　三角波関数

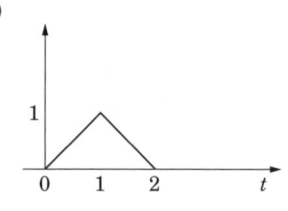

第3章

システムのモデル化

この章では第2章で定義したラプラス変換を用いて，本章以降きわめて重要な役割を果たすことになる伝達関数という概念を導入する。次にこの伝達関数を用いて図1.4に示した各ブロックを数学的に表現しブロック線図を完成する。伝達関数とブロック線図は古典制御理論の中核をなす最も重要な概念であり，第4章以降の制御系の解析や設計は全てここで得られたブロック線図が基本になる。古典制御理論におけるラプラス変換の重要性も理解できるだろう。

3.1 モデル化

図1.6の質量－バネ・ダンパー系を図1.5に示したシステムの概念で考えれば(1.1)式を用いて図3.1で表現できる。

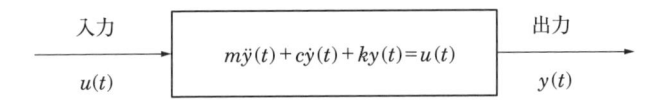

入力 $u(t)$ → $m\ddot{y}(t)+c\dot{y}(t)+ky(t)=u(t)$ → 出力 $y(t)$

図 3.1 質量－バネ・ダンパー系のモデル

即ち，$u(t)$という入力が質量－バネ・ダンパー系に加えられ，その結果，質量の変位$y(t)$が発生するというシステムである。図3.1は時刻tに関する表現のままになっている。そこで図3.1のシステムをラプラス変換してs領域で表現する

ことを考えよう。

入力 $u(t)$ のラプラス変換を $U(s)$，出力 $y(t)$ のラプラス変換を $Y(s)$ とし，$y(t)$ および $\dot{y}(t)$ の初期値をゼロとすれば，2.3節(4)の「微分のラプラス変換」を用いることにより（1.1）式は直接ラプラス変換することができて，

$$(ms^2 + cs + k)Y(s) = U(s) \tag{3.1}$$

である。(3.1)式からこのシステムの入力と出力の比を考えると，

$$G(s) = \frac{Y(s)}{U(s)} = \frac{1}{ms^2 + cs + k} \tag{3.2}$$

である。(3.2)式で表現される $G(s)$ のことを，この質量－バネ・ダンパー系の**伝達関数**という。

＜定義：伝達関数＞

伝達関数とは，全ての初期値をゼロとした場合の入力 $u(t)$ のラプラス変換 $U(s)$ と出力 $y(t)$ のラプラス変換 $Y(s)$ の比をいい(3.3)式で定義される。

$$G(s) = \frac{Y(s)}{U(s)} \tag{3.3}$$

即ち，伝達関数を用いれば図3.1は図3.2のように表現することができる。

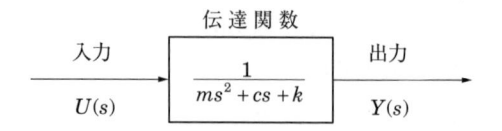

図 3.2　質量－バネ・ダンパー系のモデル

(3.3)式から，入力 $U(s)$ が加えられた場合の出力 $Y(s)$ はシステムの伝達関数 $G(s)$ を用いて，

$$Y(s) = G(s)U(s) \tag{3.4}$$

で与えられる。また時間領域での出力 $y(t)$ は，

$$y(t) = \mathcal{L}^{-1}\left[G(s)U(s)\right] \tag{3.5}$$

と表現することができる。システムの伝達関数 $G(s)$ が与えられているとき，入力 $u(t)$ に対するシステムの出力 $y(t)$ は (3.5) 式で与えられる。

> **注意！** 本書ではブロック線図の入力として慣用的に $u(t)$，$U(s)$ の記号を用いる。この記号は単位ステップ関数の記号と同じであるため，その場合は「単位ステップ関数 $u(t)$，$U(s)$」と記述する。

例題 3.1

(1.2) 式で表される静的システムの伝達関数を求めよ。

解答 (1.2) 式を直接ラプラス変換することにより，

$$Y(s) = kU(s) \tag{3.6}$$

である。従って，

$$G(s) = \frac{Y(s)}{U(s)} = k \tag{3.7}$$

である。即ち，静的システムの伝達関数は比例ゲインのみで表現される。図示すると図 3.3 である。

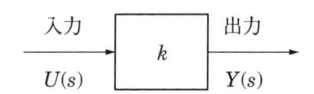

図 3.3 静的システムのブロック線図

例題 3.2

図 3.4 に示すように入力が一定時間 L だけ遅れて出力されるシステムがある。このシステムの伝達関数を求めよ。L を**無駄時間** (Time Delay) と呼ぶ。

第3章　システムのモデル化

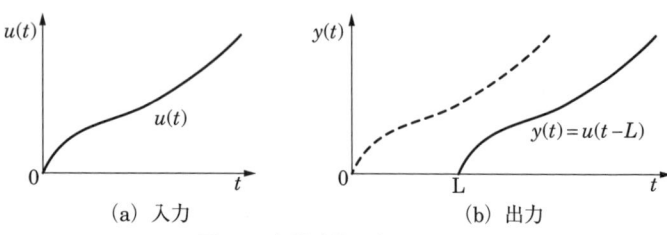

(a) 入力　　　(b) 出力

図3.4　無駄時間のあるシステム

解答　出力 $y(t)$ は

$$y(t) = 0 \quad t < L$$
$$y(t) = u(t-L) \quad t \geq L \tag{3.8}$$

である。(3.8)式のラプラス変換は2.3節(7)の「時間領域」における推移定理（2.44）式から

$$Y(s) = e^{-Ls}U(s) \tag{3.9}$$

だから，このシステムの伝達関数は

$$G(s) = \frac{Y(s)}{U(s)} = e^{-Ls} \tag{3.10}$$

e^{-Ls} のことを**無駄時間要素**と呼ぶ。図示すると図3.5である。

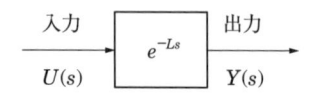

図 3.5　無駄時間のあるシステムブロック線図

例題3.3

$e_i(t)$ を入力電圧，$e_o(t)$ を出力電圧として図3.6に示すRC回路の伝達関数を求めよ。

3.1 モデル化

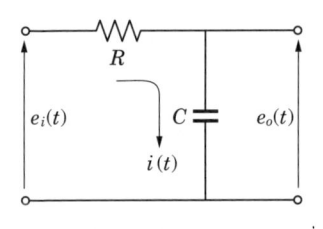

図 3.6 RC回路(1)

解答 図3.6は抵抗$R[\Omega]$とコンデンサー$C[F]$を用いたRC回路と呼ばれる。回路を流れる電流を$i(t)$とすれば,

$$Ri(t) + \frac{1}{C}\int i(t)dt = e_i(t) \tag{3.11}$$

$$\frac{1}{C}\int i(t)dt = e_o(t) \tag{3.12}$$

の関係が成立する。このRC回路で入力が$e_i(t)$, 出力が$e_o(t)$である。電流の初期値をゼロとして積分関数のラプラス変換に(2.34)式を用い, $i(t)$, $e_i(t)$, $e_o(t)$, のラプラス変換をそれぞれ$I(s)$, $E_i(s)$, $E_o(s)$とすれば,

$$\left(R + \frac{1}{Cs}\right)I(s) = E_i(s) \tag{3.13}$$

$$\frac{1}{Cs}I(s) = E_o(s) \tag{3.14}$$

である。(3.13)式, (3.14)式から$I(s)$を消去すれば,

$$\frac{E_o(s)}{E_i(s)} = G(s) = \frac{1}{RCs+1} \tag{3.15}$$

である。(3.15)式がRC回路の伝達関数である。(3.15)式で$RC=T$とおけば,

$$G(s) = \frac{1}{Ts+1} \tag{3.16}$$

第3章 システムのモデル化

(3.16)式の形の伝達関数を**一次遅れ系**という。ここで「一次」という意味は分母のsに関する多項式の次数を表しており，「遅れ」とは第4章で説明するように(3.16)式で表される系の出力が入力に対して応答遅れをもって出力されることを意味している。Tのことを**一次遅れ系の時定数**という。図示すると図3.7である。

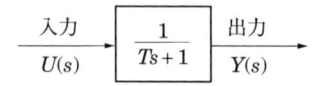

```
入力           出力
U(s)  →  | 1/(Ts+1) |  →  Y(s)
```

図 **3.7** 一次遅れ系のブロック線図

例題3.4

$e_i(t)$を入力電圧，$e_o(t)$を出力電圧として図3.8に示す回路の伝達関数を求めよ。

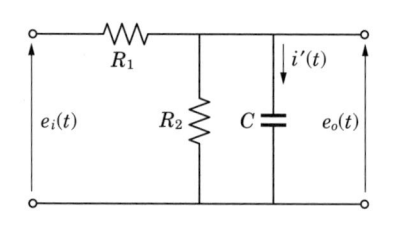

図 **3.8** RC回路(2)

解答 キルヒホッフの法則を用いて例題3.3の方法で解けるが，ここでは別の解法を示す。コンデンサーCのルートを流れる電流を$i'(t)$とすれば，

$$\frac{1}{C}\int i'(t)dt = e_o(t) \tag{3.17}$$

が成り立つ。(3.17)式をラプラス変換すれば，

$$\frac{1}{Cs}I'(s) = E_o(s) \tag{3.18}$$

だから，ラプラス領域でのコンデンサーCの抵抗成分は$\frac{1}{Cs}$である。抵抗R_2は定数だからラプラス領域でもR_2であり，この二つの抵抗が並列接続になっているから，出力端の合成抵抗Rは，

$$\frac{1}{R} = \frac{1}{R_2} + Cs \tag{3.19}$$

から，

$$R = \frac{R_2}{1 + R_2 Cs} \tag{3.20}$$

である。従って回路全体について，

$$\frac{E_o(s)}{E_i(s)} = \frac{R}{R_1 + R} \tag{3.21}$$

が成り立つ。(3.21)式のRに(3.20)式を代入すれば，

$$\frac{E_o(s)}{E_i(s)} = G(s) = \frac{R_2}{R_1 R_2 Cs + R_1 + R_2} \tag{3.22}$$

(3.22)式は一般に(3.23)式のように表現される。

$$G(s) = \frac{K}{Ts + 1} \tag{3.23}$$

ただし，$T = \dfrac{R_1 R_2 C}{R_1 + R_2}$，$K = \dfrac{R_2}{R_1 + R_2}$ (3.24)

である。ここでKはゲインと呼ばれ，Tは時定数である。(3.23)式を**一次遅れ系の標準系**という。図に示すと図3.9である。

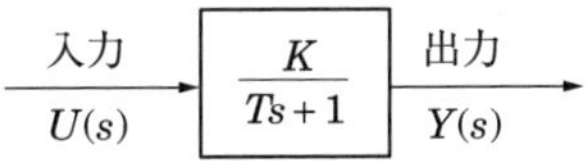

図 3.9　一次遅れ系の標準系ブロック線図

例題 3.5

$e_i(t)$ を入力電圧，$e_o(t)$ を出力電圧として図3.10に示すRLC回路の伝達関数を求めよ。

第3章　システムのモデル化

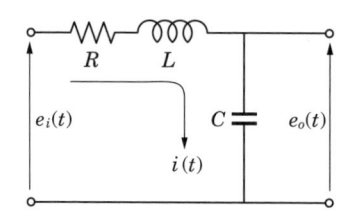

図 3.10　RLC回路

解答　図3.10の抵抗R〔Ω〕，コイルL〔H〕，コンデンサーC〔F〕で構成される電気回路をRLC回路という。回路を流れる電流を$i(t)$とすれば，以下の関係式が成立する。

$$Ri(t) + L\frac{di(t)}{dt} + \frac{1}{C}\int i(t)dt = e_i(t) \tag{3.25}$$

$$\frac{1}{C}\int i(t)dt = e_o(t) \tag{3.26}$$

(3.25)式，(3.26)式を$i(t)$に関する全ての初期条件をゼロとしてラプラス変換すれば，

$$\left(R + Ls + \frac{1}{Cs}\right)I(s) = E_i(s) \tag{3.27}$$

$$\frac{1}{Cs}I(s) = E_o(s) \tag{3.28}$$

である。(3.27)式，(3.28)式から$I(s)$を消去すると，

$$\frac{E_o(s)}{E_i(s)} = G(s) = \frac{1}{LCs^2 + RCs + 1} \tag{3.29}$$

(3.29)式は(3.30)式のように表現することができる。

$$G(s) = \frac{1}{T^2 s^2 + 2\varsigma T s + 1} \tag{3.30}$$

ただし，$\quad T = \sqrt{LC} \quad , \quad \varsigma = \frac{R}{2}\sqrt{\frac{C}{L}} \tag{3.31}$

である。(3.30)式の伝達関数の形を**二次遅れ系**という。Tのことを**二次遅れ系の時定数**, ςのことを**減衰係数**という。

例題3.6

(3.2)式で示した質量－バネ・ダンパー系の伝達関数を標準形に変形せよ。

解答 (3.2)式は

$$G(s) = \frac{Y(S)}{U(s)} = \frac{1}{ms^2 + cs + k}$$

である。従って,

$$G(s) = \frac{K}{T^2 s^2 + 2\varsigma T s + 1} \tag{3.32}$$

ただし,

$$T = \sqrt{\frac{m}{k}}, \quad \varsigma = \frac{c}{2\sqrt{mk}}, \quad K = \frac{1}{k} \tag{3.33}$$

と表現することができる。

(3.32)式を**二次遅れ系の標準系**という。二次遅れ系のブロック線図を図3.11に示す。二次の意味は伝達関数の分母をsに関する多項式と見た場合の次数であり, ここでもKはゲインと呼ばれる。

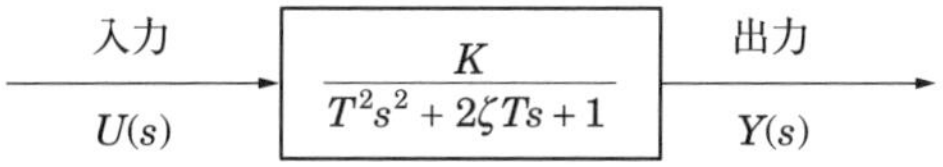

入力 $U(s)$ → $\boxed{\dfrac{K}{T^2 s^2 + 2\varsigma T s + 1}}$ → 出力 $Y(s)$

図3.11 二次遅れ系の標準形ブロック線図

ここで重要なことは制御工学での伝達関数という考え方においては, 機械系における図1.6の質量－バネ・ダンパー系と電気回路における図3.10のRLC回路とは同じ範疇の現象であることである。ここに制御工学の大きな特徴がある。制御工学では個々の装置の外形や構成に全く無関係にその装置の本質的な特性にのみ注目して解析, 設計を行う学問であり, そのときの制御対象は機械振動系から電

気回路，航空機，化学プラントまで非常に幅広いのである。取り扱う制御対象によって異なるのは図1.4に示した制御対象の伝達関数だけであり，制御対象を伝達関数表示した後は統一的な制御理論によって制御系の設計が行われる。この制御対象を伝達関数表示することを制御対象の**モデル化**という。

3.2 ブロック線図

ここで図1.4に戻ろう。図1.4で考えれば3.1節で説明したモデル化とは制御対象のブロックを数学的にどのように表現するかという問題である。従って図1.4では3.1節での入力が操作量，出力が制御量に対応している。図1.4において制御対象以外のブロックも全て入力と出力の関係が考えられるのでそれぞれ伝達関数表示が可能である。そこで各々のブロックを伝達関数表示にして，各信号にもラプラス変換の形で記号をつければ図3.12のようになる。図3.12で$C(s)$は制御器の伝達関数，$G_a(s)$は操作部の伝達関数，$H(s)$は検出部の伝達関数を表している。また偏差は$\varepsilon(s)$，操作量は$\delta(s)$と表現している。制御器から操作部への信号名は特に慣用的な名称・記号はない。強いていえば，操作量の指示値という意味で指令操作量という表現くらいだろう。記号は$\delta_c(s)$が使われることが多い。

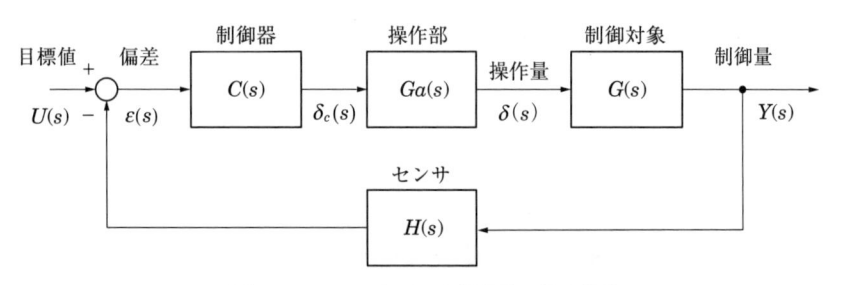

図 3.12 フィードバック制御系の基本構造

ここで，一般論として，何等かの制御系を構成する場合，センサ自身が有する特性$H(s)$はフィードバック制御系全体の特性に影響を及ぼさないことが望ましい。勿論，そのようなセンサは高価であり制御系設計の作業は常にコストとのトレードオフなのだが，理想状態では，

3.2 ブロック線図

$$H(s) = 1 \tag{3.34}$$

と考えることができる。この場合には図3.12は図3.13のように表現できる。図3.13のようにフィードバックループの伝達関数が1になっている制御系を直結フィードバック制御系（ユニティーフィードバック制御系）と呼ぶ。

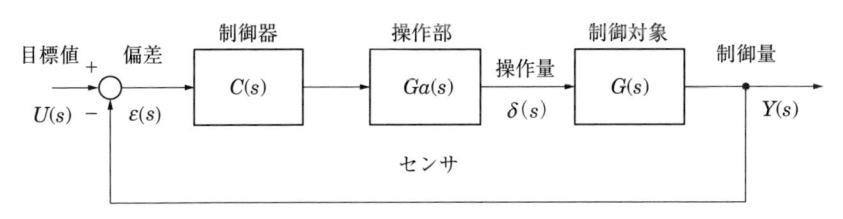

図 3.13 ユニティーフィードバック制御系

図3.12や図3.13が古典制御理論で取り扱う最も一般的なフィードバック制御系の基本構造である。これらの図のことを**ブロック線図**と呼ぶ。システム全体をブロック線図で表現することが制御系設計の出発点であり，そのために各ブロックのモデル化の作業が欠かせない。制御対象が何であれブロック線図に表現してしまえば，あとは古典制御理論に従って共通に対処できるのである。

ブロック線図を構成する構成要素は図3.14に示す三つだけである。どんなに複雑なブロック線図でもこの三つの要素のみで構成されている。(a)は**加え合わせ点**と呼ばれ信号の加減を表している。(b)は**ブロック**と呼ばれ3.1節で説明した伝達関数を表している。また(c)は**引き出し点**と呼ばれ信号の分岐を表している。

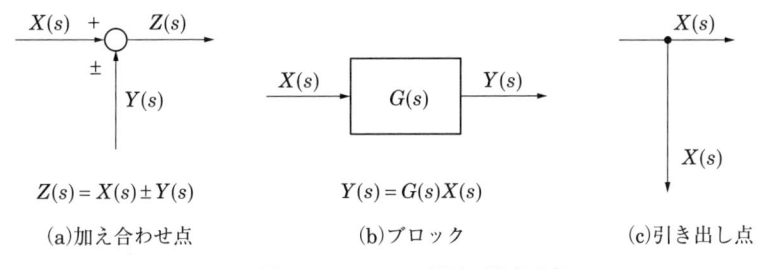

$Z(s) = X(s) \pm Y(s)$ $Y(s) = G(s)X(s)$

(a) 加え合わせ点   (b) ブロック   (c) 引き出し点

図 3.14 ブロック線図の構成要素

第3章 システムのモデル化

3.3 ブロック線図の等価変換

　図3.12や図3.13のブロック線図は基本形であり単純な形をしているが，実際のシステムの場合は構造が複雑になりブロック線図を単純化しないと全体的な見通しが悪い場合が生じる。そのために行われる手続きがブロック線図の等価変換である。等価変換とは特性を変えることなく構成を変えることをいう。

（１）直列結合

　図3.15(a)の形を直列結合という。図3.15(a)で，

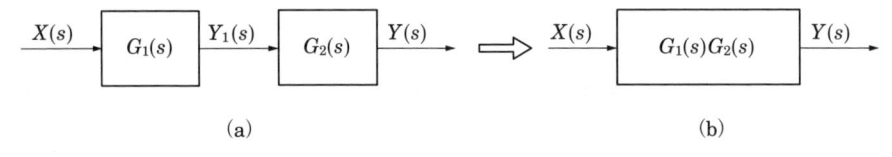

$$X(s) \to \boxed{G_1(s)} \xrightarrow{Y_1(s)} \boxed{G_2(s)} \to Y(s) \quad \Longrightarrow \quad X(s) \to \boxed{G_1(s)G_2(s)} \to Y(s)$$

(a) (b)

図 3.15　直列結合

$$Y_1(s) = G_1(s)X(s) \quad , \quad Y(s) = G_2(s)Y_1(s)$$

だから，両式から $Y_1(s)$ を消去すれば，

$$Y(s) = G_2(s)G_1(s)X(s)$$

であり，$G_1(s)$ と $G_2(s)$ は s の関数でスカラーだから演算上の入れ替えが可能である。従って，直列結合の場合の等価伝達関数は

$$G(s) = \frac{Y(s)}{X(s)} = G_1(s)G_2(s) \tag{3.35}$$

である。

（２）並列結合

　図3.16(a)の形を並列結合という。図3.16(a)で，

$$Y(s) = Y_1(s) \pm Y_2(s) = \{G_1(s) \pm G_2(s)\}X(s)$$

3.3 ブロック線図の等価変換

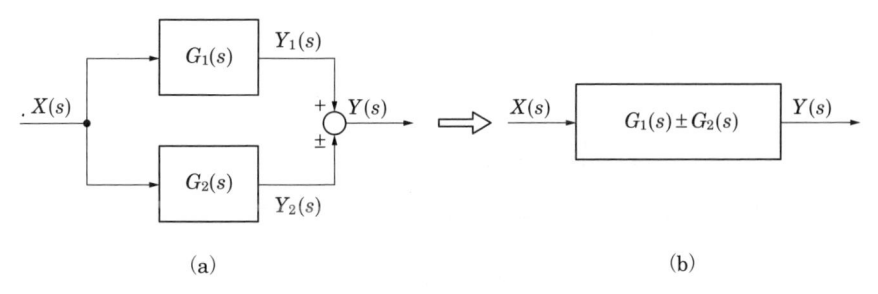

図 3.16 並列結合

である。従って並列結合の場合の等価伝達関数は，

$$G(s) = \frac{Y(s)}{X(s)} = G_1(s) \pm G_2(s) \tag{3.36}$$

である。

（3）フィードバック結合

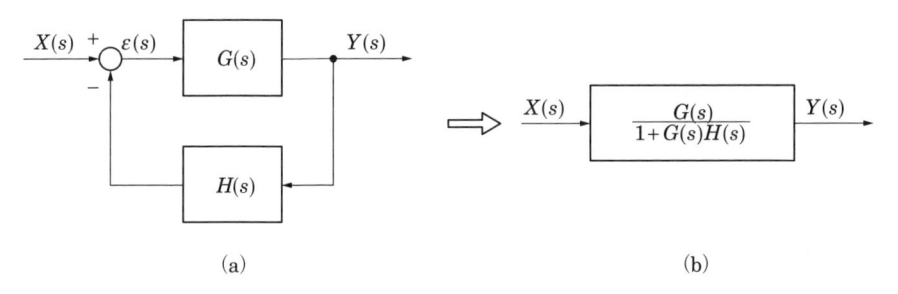

図 3.17 フィードバック結合

図 3.17(a) において偏差信号 $\varepsilon(s)$ を用いれば，

$$\varepsilon(s) = X(s) - H(s)Y(s) \tag{3.37}$$

$$Y(s) = G(s)\varepsilon(s) \tag{3.38}$$

である。(3.37) 式，(3.38) 式から $\varepsilon(s)$ を消去すれば，

第3章　システムのモデル化

$$Y(s) = G(s)\{X(s) - H(s)Y(s)\} \tag{3.39}$$

だから

$$Y(s) = \frac{G(s)}{1+G(s)H(s)}X(s) \tag{3.40}$$

である。従ってフィードバック結合の場合の等価伝達関数$W(s)$は，

$$W(s) = \frac{Y(s)}{X(s)} = \frac{G(s)}{1+G(s)H(s)} \tag{3.41}$$

である。尚，図3.17(b)のような閉ループ全体の伝達関数を表現する場合の記号は$G(s)$よりも$W(s)$が用いられることが多い。$G(s)$を**前向きループ伝達関数**，$G(s)H(s)$を**一巡伝達関数**，$W(s)$を**閉ループ伝達関数**と呼ぶ。

以上の他に，ブロック線図の等価変換に関して，加え合わせ点の移動および引き出し点の移動がある。

（4）加え合わせ点の移動

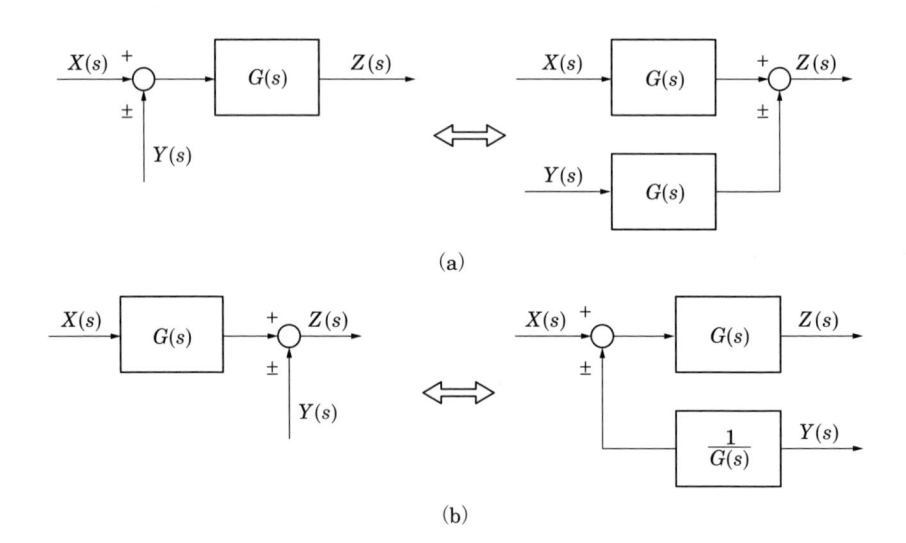

図 3.18　加え合わせ点の移動

(5) 引き出し点の移動

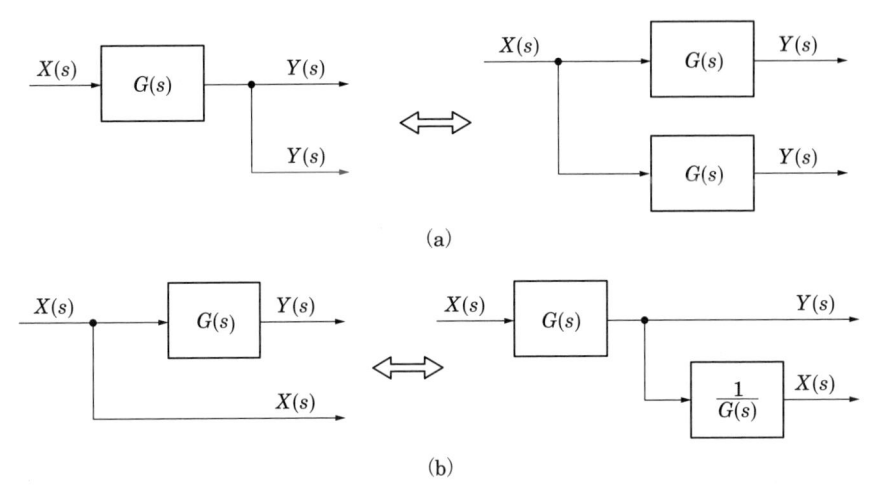

(a)

(b)

図 3.19 引き出し点の移動

例題 3.7

図 3.20 のはしご型 RC 回路において $e_i(t)$ から $e_o(t)$ までのブロック線図を構成し，等価変換して伝達関数を求めよ．

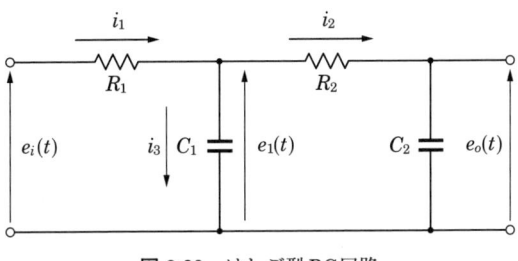

図 3.20 はしご型 RC 回路

解答 図3.20から以下の式が成り立つ。

$$e_i(t) = R_1 i_1(t) + e_1(t) \tag{3.42}$$

$$e_1(t) = \frac{1}{C_1} \int i_3(t) dt \tag{3.43}$$

$$i_1(t) = i_2(t) + i_3(t) \tag{3.44}$$

$$e_1(t) = R_2 i_2(t) + e_o(t) \tag{3.45}$$

$$e_o(t) = \frac{1}{C_2} \int i_2(t) dt \tag{3.46}$$

以上の式をラプラス変換して以下の式を得る。

$$E_i(s) = R_1 I_1(s) + E_1(s) \tag{3.47}$$

$$E_1(s) = \frac{1}{C_1 s} I_3(s) \tag{3.48}$$

$$I_1(s) = I_2(s) + I_3(s) \tag{3.49}$$

$$E_1(s) = R_2 I_2(s) + E_o(s) \tag{3.50}$$

$$E_o(s) = \frac{1}{C_2 s} I_2(s) \tag{3.51}$$

次に(3.47)式〜(3.51)式を用いて全体のブロック線図を構成することを考える。この場合の基本的な考え方は入力$E_i(s)$から出発し，出力$E_o(s)$で終わるように関係式を選ぶことである。作図の段階で得られていない信号はオープンのまま順次ブロック図を描き，実際に信号が得られた段階で同一信号をつなげばよい。まず(3.47)式を，

$$I_1(s) = \frac{1}{R_1}\{E_i(s) - E_1(s)\}$$

と考えて，

3.3 ブロック線図の等価変換

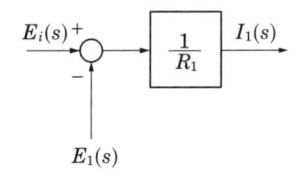

図 3.21 ブロック線図の構成(1)

次に図 3.21 に (3.49) 式を追加して $I_3(s)$ を作り，(3.48) 式から $E_1(s)$ をつくる。

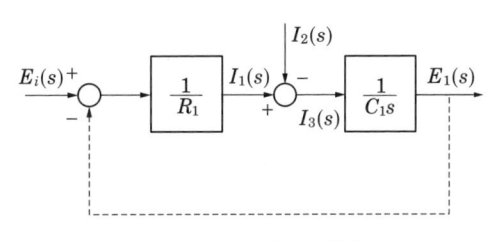

図 3.22 ブロック線図の構成(2)

同様に (3.50) 式，(3.51) 式を追加し，同じ信号名称の部分を接続する。

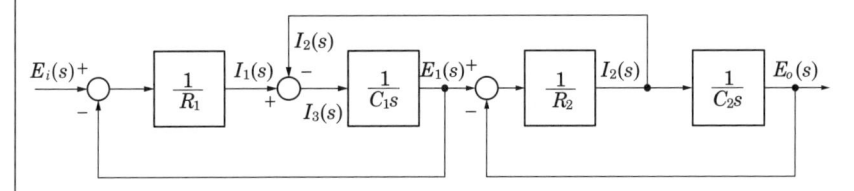

図 3.23 はしご型 RC 回路のブロック線図

図 3.23 で基本となるブロック線図は完成である。このブロック線図が対象としている RC 回路の物理現象を忠実に表現している。計算機シミュレーションの場合にはこの図 3.23 がそのままプログラムされることが多い。しかし RC 回路の現象を理論的に解析する場合には図 3.23 のままでは見通しが立ちにくい。

そこで次に，図 3.23 の等価変換について考える。ただしブロック線

図の等価変換はあくまで解析のための都合であり，等価変換したブロック線図からは個々の物理現象が見えにくくなることに注意しなければならない。図3.23のブロック線図の等価変換の際の基本方針は図3.17に示した変換を使える形に変形していくことである。その具体的な方法は次の通りである。

① $I_2(s)$の加え合わせ点を先頭に移動する。
② $I_2(s)$の引き出し点を後部に移動する。
③ フィードバックループ系を閉ループ伝達関数に置換する。

まず，①，②番を実施した結果が図3.24である。①，②番を実施する際，加え合わせ点同士，引き出し点同士の順序は，その間に要素を全く含まない場合は互いに交換できることに注意しておく必要がある。

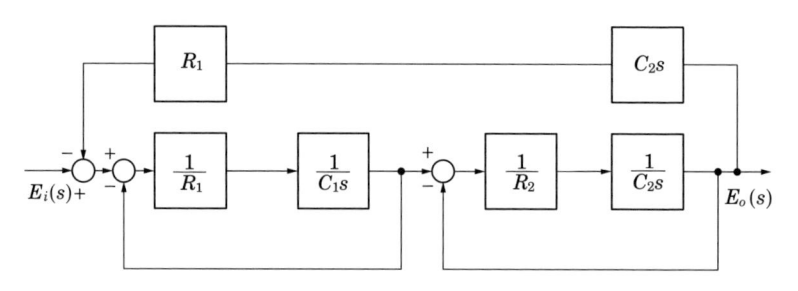

図3.24 図3.23の等価交換(1)

図3.24でR_1, C_1を含むブロックとR_2, C_2を含むブロックにそれぞれ図3.17の変換を応用することができる。

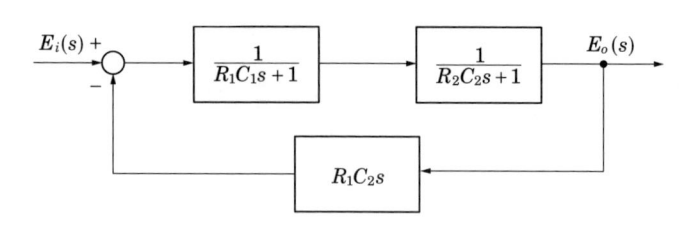

図3.25 等価交換(2)

図3.25に対しては更に図3.17の変換を適用することができる。従って，

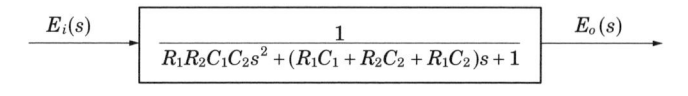

$$E_i(s) \longrightarrow \boxed{\dfrac{1}{R_1R_2C_1C_2s^2 + (R_1C_1 + R_2C_2 + R_1C_2)s + 1}} \longrightarrow E_o(s)$$

図 3.26 等価交換(3)

を得る。

図3.26は(3.29)式，あるいは(3.30)式と同じ構造である．即ちゲインが1の二次遅れ系を表しており，この等価変換により図3.23のシステムは，二次遅れ特性で$E_i(s)$と同じ大きさの出力電圧$E_o(s)$を発生することが分かる．またその二次遅れ特性の時定数や減衰係数も図3.26から知ることができる．これがブロック線図の等価変換の効果であり，解析でもある．

第3章　練習問題

1　$e_i(t)$を入力，$e_o(t)$を出力として次の回路の伝達関数を求めよ．

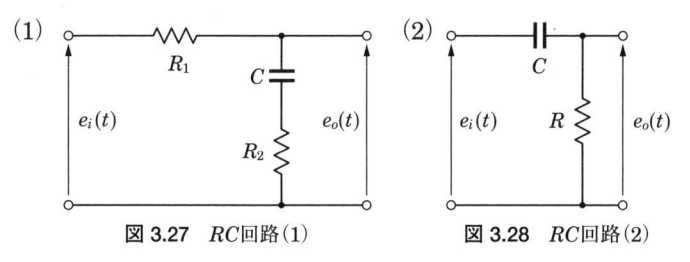

(1)

図 3.27 RC回路(1)

(2)

図 3.28 RC回路(2)

2　$e_i(t)$を入力，回路に流れる電流$i_o(t)$を出力として伝達関数を求めよ．

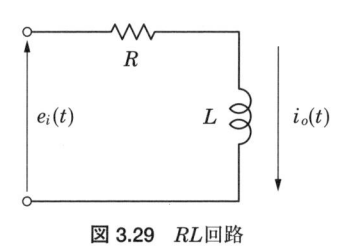

図 3.29 RL回路

3　例題3.5の問題を例題3.4の考え方で解け。

4　図のブロック線図を等価変換して簡略化せよ。

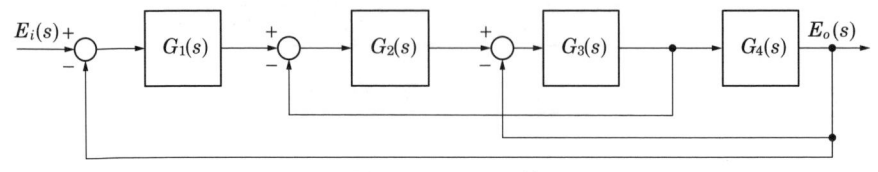

図 3.30　ブロック線図

5　図のブロック線図を等価変換して$E_i(s)$から$E_o(s)$までの伝達関数を求めよ。

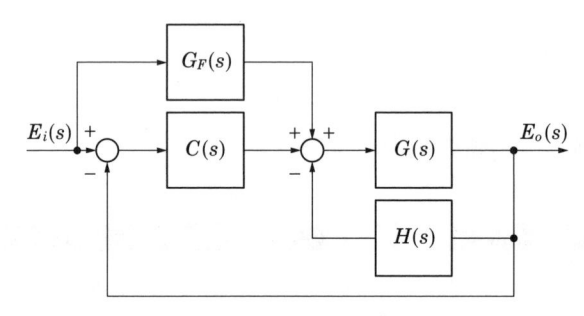

図 3.31　ブロック線図

第4章

制御系の応答

　第3章で制御系は入力，ブロック，出力の組み合わせで表現できることを示した。この章ではこの制御系の入力と出力の関係を具体的に考えてみよう。4.1節から4.3節まではオープンループ，即ち，特定のダイナミカルシステムについての入力と出力の関係であり，過渡応答と定常応答について説明する。4.4節はフィードバックループを付加した場合の応答であり，フィードバックループを付加することが制御の第一歩なのである。

4.1　制御系の応答

　ダイナミカルシステムの具体的な内容は第3章で示した一次遅れ系や二次遅れ系，無駄時間系，あるいはこれらの複合で「一次遅れ＋無駄時間」系などである。このダイナミカルシステムの種類によって入力に対する出力の特徴もまったく違ってくる。そこでこの章では代表的な入力信号の形を規定し，その入力信号に対する出力の特徴を考えてみよう。制御工学では入力に対してダイナミカルシステムが発生する出力を**応答**という。
　制御工学における代表的な入力としては一般にインパルス関数，ステップ関数，ランプ関数の三つの関数が用いられており，これらの入力に対する応答をそれぞれ，**インパルス応答，ステップ応答，ランプ応答**と呼ぶ。また特に入力が単位イ

ンパルス関数の場合の応答を単位インパルス応答，単位ステップ関数の場合の応答を単位ステップ応答（インディシャル応答），単位ランプ関数の場合を単位ランプ応答と呼ぶ慣わしである。単位とは入力レベルが1であることを意味している。

　実際の制御系への入力関数はこのように理想化された波形ではない。しかし読者はそのようなことは全く心配する必要はない。インパルス関数やステップ関数，ランプ関数に対する応答の中に制御系の特徴がきちんと表れているからである。また，任意の入力関数がインパルス関数の重ね合わせで表現できることもこの節で明らかになる。

　ダイナミカルシステムに対して表4.1に代表例を示したようなインパルス入力やステップ入力を与えた場合，応答は最初変動し時間の経過とともにやがて一定値に落ち着くことが多い。この応答が変動している状態を**過渡応答**といい，一定値に落ち着いた状態を**定常応答**という。過渡応答から定常応答への移行は連続的

表 4.1　制御工学で用いられる基準入力

関数名	定義式	グラフ
単位インパルス関数	$\delta(t) = 0 \quad t \neq 0$ $\quad\quad = \infty \quad t = 0$ $\int_{-\infty}^{\infty} \delta(t)dt = 1$ $\mathcal{L}[\delta(t)] = 1$	
単位ステップ関数	$u(t) = 0 \quad t < 0$ $\quad\quad = 1 \quad t \geq 0$ 一般のステップ関数はaを定数として$au(t)$。 $\mathcal{L}[u(t)] = \dfrac{1}{s}$	
単位ランプ関数	$r(t) = 0 \quad t < 0$ $\quad\quad = t \quad t \geq 0$ 一般のランプ関数はaを定数として$ar(t)$。 $\mathcal{L}[r(t)] = \dfrac{1}{s^2}$	

な変化であり，どの時点でという明確な区別は規定されていない．定常値に達したかどうかの判定はケースバイケースであり，あらかじめ定常値からのずれの許容値を決めておき，その許容値内に治まるまでの時間を応答時間として判定することもできる．制御系の単位ステップ応答の一例を図4.1に示す．

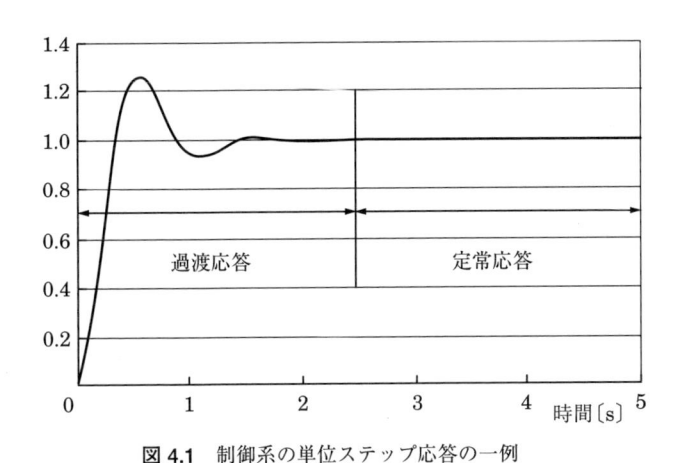

図4.1 制御系の単位ステップ応答の一例

ここで図4.2のシステムの応答について考えてみよう．

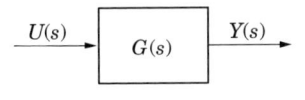

図4.2 オープンループシステム

図4.2から，

$$Y(s) = G(s)U(s) \tag{4.1}$$

である．ここで入力 $U(s)$ が単位インパルス入力の場合は $U(s)=1$ だから，単位インパルス応答は，

$$Y(s) = G(s) \tag{4.2}$$

である．(4.2)式をラプラス逆変換すれば，

$$y(t) = \mathcal{L}^{-1}\bigl[G(s)\bigr] = g(t) \tag{4.3}$$

第4章　制御系の応答

を得る。(4.3)式で$g(t)$のことを**重み関数**(Weighting Function)と呼ぶ。重み関数とはシステムの単位インパルス応答のことであり，システムの単位インパルス応答$g(t)$をラプラス変換したものが伝達関数$G(s)$であるといういい方もできる。単位インパルス応答の一例を図4.3に示す。図4.3は$G(s)$が一次遅れ系の場合の例であるが，具体的には4.2節で示す。

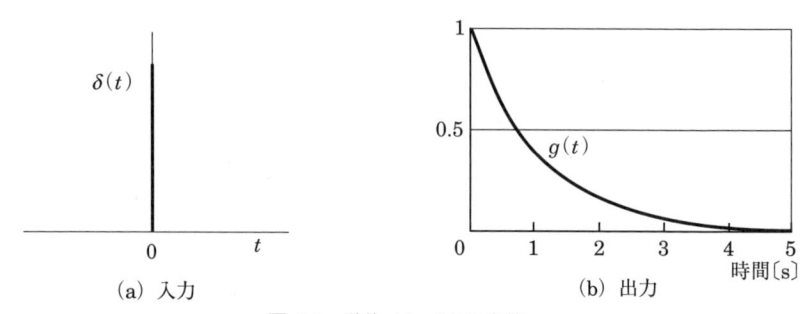

　　　(a) 入力　　　　　　　　　(b) 出力
図4.3　単位インパルス応答

ところで入力$u(t)$が一般の関数の場合，図4.4に示すように$u(t)$は単位インパルス関数を用いて(4.4)式のように近似することができる。

$$u(t) = \sum_{i=0}^{\infty} \delta(t - \tau_i) u(\tau_i) \Delta\tau \tag{4.4}$$

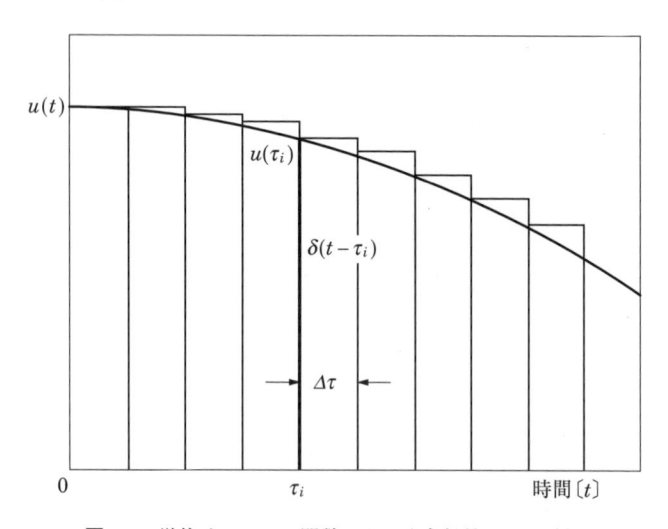

図4.4　単位インパルス関数による入力信号$u(t)$の近似

4.1 制御系の応答

ここで単位インパルス関数 $\delta(t-\tau_i)$ に対する応答は $g(t-\tau_i)$ だから，結局 (4.4) 式の入力に対する応答 $y(t)$ は，

$$y(t) = \sum_{i=0}^{\infty} g(t-\tau_i) u(\tau_i) \Delta\tau \tag{4.5}$$

と表現することができる．ここで $\Delta\tau \to 0$ の極限を考えると (4.5) 式は，

$$y(t) = \int_0^{\infty} g(t-\tau) u(\tau) d\tau \tag{4.6}$$

である．(4.6) 式は任意の入力 $u(t)$ に対するシステムの出力を表しており，任意の入力に対する応答がシステムの重み関数 $g(t)$ で決まることを示している．

ところで関数 $g(t-\tau)$ は $t-\tau<0$ で 0 だから，$\tau>t$ では $g(t-\tau)=0$ である．即ち (4.6) 式の積分は $\tau>t$ の領域では 0 だから，(4.6) 式は，

$$y(t) = \int_0^t g(t-\tau) u(\tau) d\tau \tag{4.7}$$

と表現することができる．従って，任意の入力 $u(t)$ に対する出力 $y(t)$ のラプラス変換は，

$$Y(s) = \mathcal{L}\left[\int_0^t g(t-\tau) u(\tau) d\tau\right] \tag{4.8}$$

で与えられる．(4.7) 式の積分を**たたみ込み積分** (Convolution) といい，(4.8) 式をたたみ込み積分のラプラス変換と呼ぶ．(4.8) 式のラプラス変換は少し厄介なので章末に付録として示すことにし，結果だけを示せば表 2.2 で示した通り，

$$Y(s) = G(s) U(s) \tag{4.9}$$

が得られるのである．これは (4.1) 式と同じである．即ち，図 4.2 をそのまま記述した (4.1) 式はラプラス変換した入出力信号と伝達関数の間で成り立つ関係式であり，これをそのまま時間軸に戻した，

$$y(t) = g(t) u(t) \tag{4.10}$$

と誤解してはいけない．時間軸での入出力関係を表しているのは (4.7) 式なのである．

4.2 過渡応答

入力に対して出力が一定値（定常値）に落ち着くまでの出力の変化を**過渡応答**という。ここでは図4.2の具体例について考えよう。

例題4.1 一次遅れ系の過渡応答

図4.2で $G(s)$ が一次遅れ系の場合について単位インパルス応答，単位ステップ応答を求めよ。

解答 一次遅れ系の伝達関数 $G(s)$ は

$$G(s) = \frac{K}{Ts+1} \tag{4.11}$$

である。入力が単位インパルス関数の場合は $U(s) = 1$ だから，

$$Y(s) = \frac{K}{Ts+1} \tag{4.12}$$

であり，(4.12)式をラプラス逆変換することにより，

$$y(t) = \mathcal{L}^{-1}\bigl[Y(s)\bigr] = \frac{K}{T} e^{-\frac{t}{T}} \tag{4.13}$$

である。また入力が単位ステップ関数の場合は $U(s) = \frac{1}{s}$ だから，

$$Y(s) = \frac{K}{Ts+1} \cdot \frac{1}{s} \tag{4.14}$$

であり，

$$y(t) = \mathcal{L}^{-1}\bigl[Y(s)\bigr] = \mathcal{L}^{-1}\left[\frac{K}{T} \cdot \frac{1}{s\left(s+\frac{1}{T}\right)}\right] = \frac{K}{T} \mathcal{L}^{-1}\left[\frac{T}{s} - \frac{T}{s+\frac{1}{T}}\right]$$

$$= K\left[1 - e^{-\frac{t}{T}}\right] \tag{4.15}$$

である。$K=1$とすれば単位インパルス応答(4.13)式，単位ステップ応答(4.15)式は図4.5(a)，図4.5(b)のとおりである。

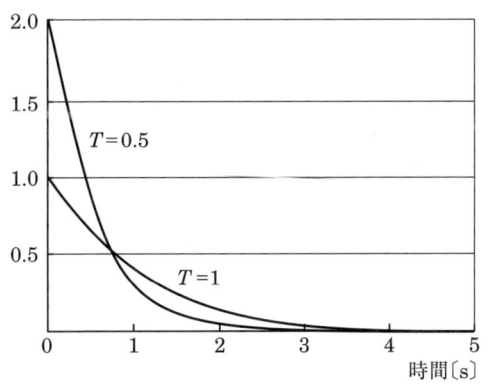

(a) 一次遅れ系の単位インパルス応答

(b) 一次遅れ系の単位ステップ応答

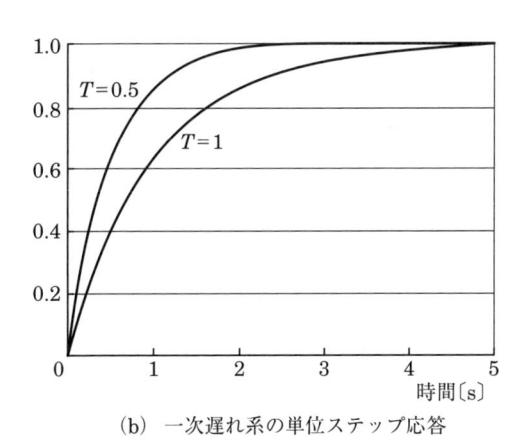

図4.5　一次遅れ系の過渡応答

図4.5から一次遅れ系の時定数Tが小さい方が応答が速くなっていることが理解できるだろう。時定数とは系の応答の速さを意味しており，小さいほど応答が速く，大きくなるほど応答が遅くなるのである。またゲインKの影響については第4.3節で示すが，(4.13)式，(4.15)式から容易にわかるように応答の倍率を表している。

例題4.2 一次遅れ系時定数 T の意味

(4.11)式の時定数 T の意味について考察せよ。

解答　$K=1$ として(4.15)式を微分すれば,

$$y'(t) = \frac{1}{T} e^{-\frac{t}{T}} \tag{4.16}$$

である。(4.16)式は一次遅れ系の単位ステップ応答の各時刻における接線の傾きを表しており，従って時刻 $t=0$ における単位ステップ応答の接線の傾きは $y'(0) = \frac{1}{T}$ である。従って $t=0$ における接線の方程式は，

$$y(t) = \frac{1}{T} t \tag{4.17}$$

であり，この接線と $y=1$ との交点における時刻は，

$$\frac{1}{T} t = 1 \tag{4.18}$$

から $t=T$ である。このときの出力は，(4.15)式で $K=1$, $t=T$ とおくことにより，

$$y(T) = 1 - e^{-1} = 0.632 \tag{4.19}$$

である。即ち，一次遅れ系の単位ステップ応答において，出力が入力の63.2％に到達するまでの時間が一次遅れ系の時定数である。

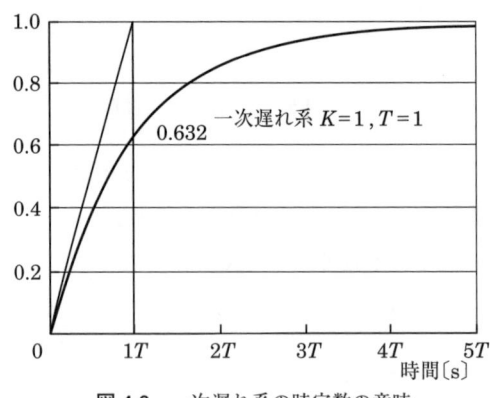

図4.6　一次遅れ系の時定数の意味

例題4.3 無駄時間を含む一次遅れ系の過渡応答

図4.2で$G(s)$が無駄時間を含む一次遅れ系の場合について単位インパルス応答,単位ステップ応答を求めよ。

解答 この場合の$G(s)$は

$$G(s) = \frac{Ke^{-Ls}}{Ts+1} \tag{4.20}$$

で与えられる。入力が単位インパルス関数の場合は$U(s)=1$だから,

$$Y(s) = \frac{Ke^{-Ls}}{Ts+1} \tag{4.21}$$

であり,(4.21)式を推移定理を用いてラプラス逆変換することにより,

$$y(t) = \mathcal{L}^{-1}\left[Y(s)\right] = \frac{K}{T}\mathcal{L}^{-1}\left[\frac{e^{-Ls}}{s+\frac{1}{T}}\right] = \frac{K}{T}e^{-\frac{1}{T}(t-L)} \cdot u(t-L) \tag{4.22}$$

である。また入力が単位ステップ関数の場合は$U(s)=\frac{1}{s}$だから,

$$Y(s) = \frac{Ke^{-Ls}}{Ts+1} \cdot \frac{1}{s} \tag{4.23}$$

であり,

$$y(t) = \mathcal{L}^{-1}\left[Y(s)\right] = \mathcal{L}^{-1}\left[\frac{K}{T} \cdot \frac{e^{-Ls}}{s\left(s+\frac{1}{T}\right)}\right] = \frac{K}{T}\mathcal{L}^{-1}\left[\frac{Te^{-Ls}}{s} - \frac{Te^{-Ls}}{s+\frac{1}{T}}\right]$$

$$= K\left[1 - e^{-\frac{1}{T}(t-L)}\right] \cdot u(t-L) \tag{4.24}$$

$K=1$,$T=1$とした場合の単位インパルス応答(4.22)式,単位ステップ応答(4.24)式は図4.7(a),図4.7(b)のとおりである。

第4章 制御系の応答

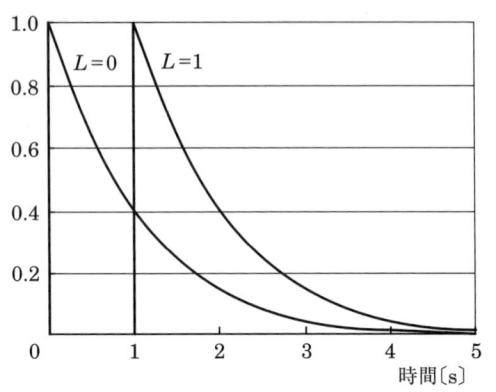

(a) 無駄時間を含む一次遅れ系の単位インパルス応答

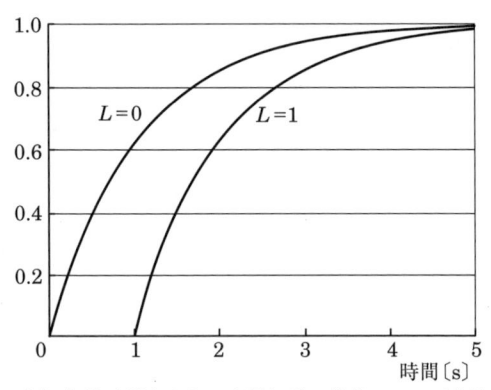

(b) 無駄時間を含む一次遅れ系の単位ステップ応答

図 4.7　無駄時間を含む一次遅れ系の過渡応答

例題 4.4 二次遅れ系の過渡応答

図4.2で$G(s)$が二次遅れ系の場合について単位インパルス応答，単位ステップ応答を求めよ。

解答　二次遅れ系伝達関数の一般系は，

$$G(s) = \frac{K}{T^2 s^2 + 2\varsigma T s + 1} \tag{4.25}$$

で表される。ここでKはゲイン，Tは時定数，ςは減衰係数と呼ばれる。

二次遅れ系の一般系は，

$$G(s) = \frac{K\omega_n^2}{s^2 + 2\zeta\omega_n s + \omega_n^2} \tag{4.26}$$

と表現されることもある．(4.25)式と(4.26)式は同じであり，

$$\omega_n = \frac{1}{T} \tag{4.27}$$

の関係がある．ω_n のことを**固有角周波数**と呼ぶ．一般に用いられる周波数 f と角周波数 ω の関係は，

$$\omega = 2\pi f \tag{4.28}$$

であり，固有角周波数 ω_n に対応した固有周波数は f_n と表現される．そこで二次遅れ系のインパルス応答は $U(s)=1$ だから，

$$y(t) = \mathcal{L}^{-1}\left[\frac{K\omega_n^2}{s^2 + 2\zeta\omega_n s + \omega_n^2}\right] \tag{4.29}$$

で与えられる．またステップ応答の場合は，$U(s)=\frac{1}{s}$ だから，

$$y(t) = \mathcal{L}^{-1}\left[\frac{K\omega_n^2}{s^2 + 2\zeta\omega_n s + \omega_n^2} \cdot \frac{1}{s}\right] \tag{4.30}$$

で与えられる．

(4.29)式，(4.30)式のラプラス逆変換を求めるには部分分数に分解する際に分母の二次式をゼロにする解（極）が必要であるが，この解は判別式，

$$\frac{D}{4} = \omega_n^2(\zeta^2 - 1) \tag{4.31}$$

の符号によって異なり，逆変換を求めるのは少々厄介である．詳しくは章末の付録にまとめることにしてここでは結果だけを示しておこう．応答は減衰係数 ζ の値で異なり，

$\quad\quad 0 < \zeta < 1$：共役な複素解 $\quad\Rightarrow\quad$ 不足制動　振動的

$\quad\quad \zeta = 1$：重解 $\quad\Rightarrow\quad$ 臨界制動

$\quad\quad \zeta > 1$：異なる二つの実数解 $\quad\Rightarrow\quad$ 過制動

第4章 制御系の応答

である。ςの値の違いによるインパルス応答の変化を図4.8(a)に，ステップ応答の変化を図4.8(b)に示す。図4.8(b)で減衰係数が小さいときの過渡応答のように出力が目標値を超える現象を**オーバーシュート**という。尚，ςが0の場合は減衰せず，持続振動となる。

(a) 二次遅れ系の単位インパルス応答

(b) 二次遅れ系の単位ステップ応答

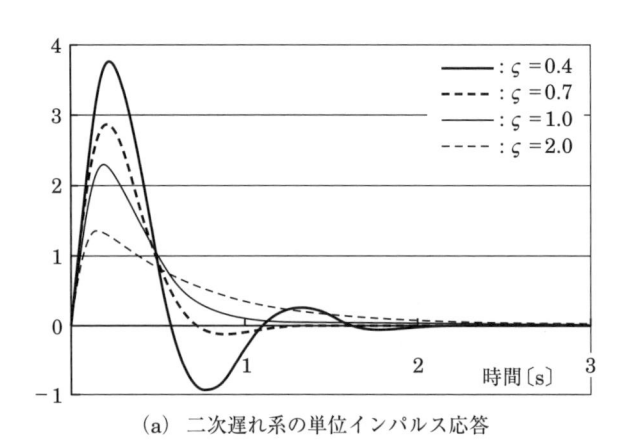

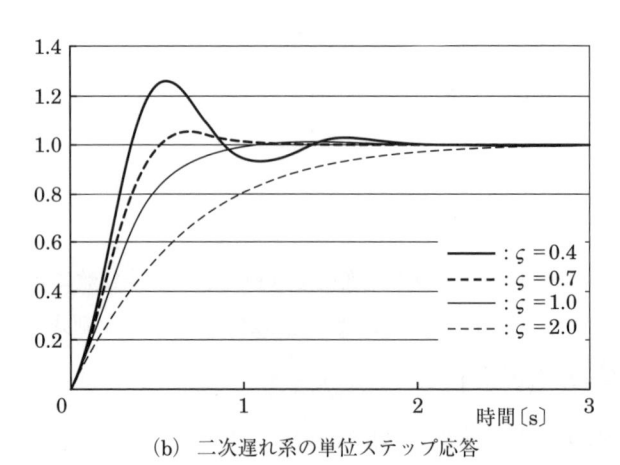

図 4.8 二次遅れ系の過渡応答

4.3 定常応答

過渡応答が定常状態に達した状態を**定常応答**という。定常状態とは一定値の入力に対して応答が変動しない状態をいい，そのときの値を**定常値**という。

例題4.5 一次遅れ系の定常応答

(4.11)式の一次遅れ系においてインパルス応答およびステップ応答の定常値を求めよ。

解答 この場合の定常値は第2章で示した最終値の定理(2.43)式を用いて求めることができる。最終値とは時間が無限に経過した状態での出力の値のことであり，出力が一定値に落ち着くシステムの場合には定常値である。勿論，定常値は入力によって異なる。

単位インパルス応答の場合には入力のラプラス変換が1だから，

$$\lim_{t \to \infty} y(t) = \lim_{s \to 0} s \cdot \frac{K}{Ts+1} = 0 \qquad (4.32)$$

である。また単位ステップ入力に対する出力の定常値は，

$$\lim_{t \to \infty} y(t) = \lim_{s \to 0} s \cdot \frac{K}{Ts+1} \cdot \frac{1}{s} = K \qquad (4.33)$$

即ち一次遅れ系の場合の単位インパルス応答の定常値はゼロであり，単位ステップ応答の定常値はKになる。即ち，ゲインKの値によって単位ステップ応答の定常値は異なる。このことがKを一次遅れ系のゲインと呼ぶ由縁なのである。(4.11)式の一次遅れ系に対する$T=1$の場合の単位インパルス応答を図4.9(a)に，単位ステップ応答を図4.9(b)に示す。

第4章 制御系の応答

(a) 一次遅れ系のインパルス応答

(b) 一次遅れ系のステップ応答

図 4.9 一次遅れ系の定常応答

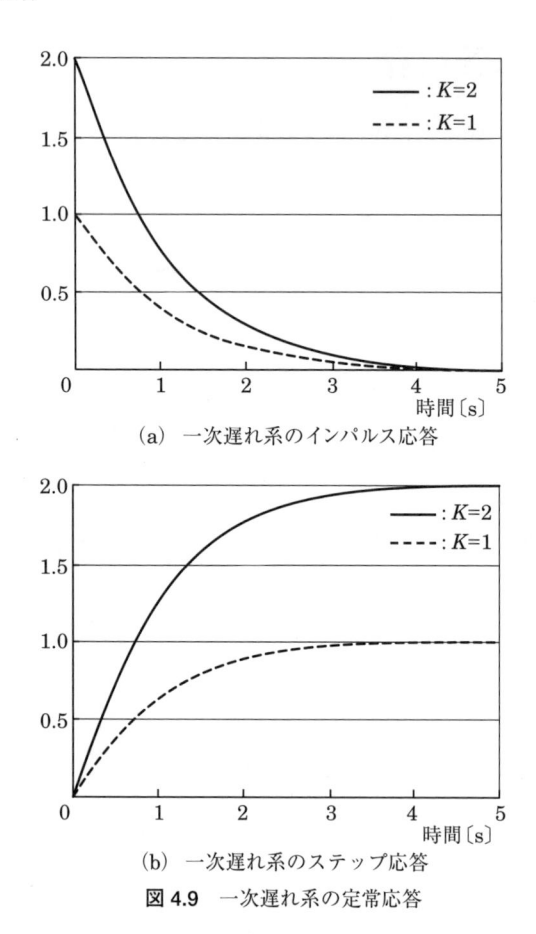

例題 4.6 二次遅れ系の定常応答

(4.25)式の二次遅れ系においてインパルス応答およびステップ応答の定常値を求めよ.

解答 単位インパルス応答の場合の定常値は,

$$\lim_{t \to \infty} y(t) = \lim_{s \to 0} s \cdot \frac{K}{T^2 s^2 + 2\zeta T s + 1} = 0 \qquad (4.34)$$

であり,単位ステップ応答の定常値は,

4.3 定常応答

$$\lim_{t \to \infty} y(t) = \lim_{s \to 0} s \cdot \frac{K}{T^2 s^2 + 2\varsigma T s + 1} \cdot \frac{1}{s} = K \tag{4.35}$$

即ち，二次遅れ系の場合も単位インパルス応答の定常値はゼロである。単位ステップ応答の場合，定常値は減衰係数 ς の値に関わらず一定であり K である。二次遅れ系の場合も K はゲインを表している。(4.25)式の二次遅れ系に対する $T=0.159$，$\varsigma=0.4$ の場合の単位インパルス応答を図 4.10(a) に，単位ステップ応答を図 4.10(b) に示す。

(a) 二次遅れ系の単位インパルス応答

(b) 二次遅れ系の単位ステップ応答

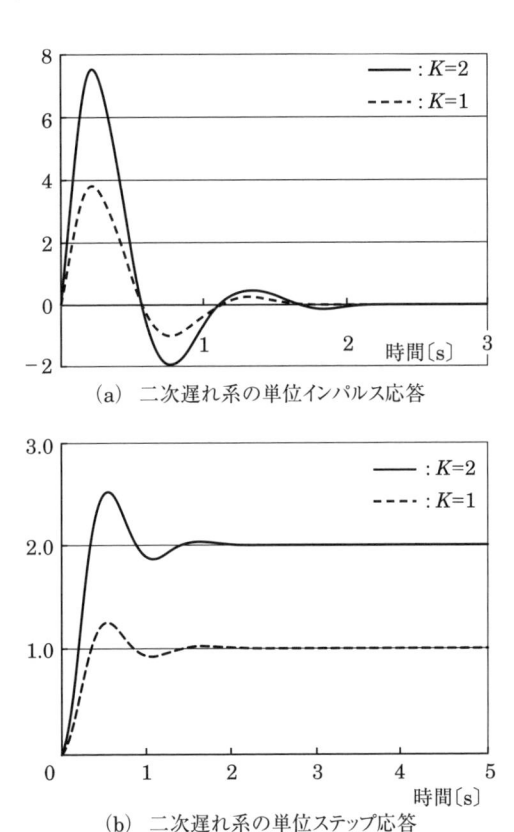

図 4.10　二次遅れ系の定常応答

第4章 制御系の応答

例題4.7

$G(s) = \dfrac{K}{s(Ts+1)}$ のシステムの単位インパルス応答および単位ステップ応答の定常値を求めよ。

解答 単位インパルス応答の定常値は,

$$\lim_{t \to \infty} y(t) = \lim_{s \to 0} s \cdot \frac{K}{s(Ts+1)} = K \tag{4.36}$$

単位ステップ応答の定常値は,

$$\lim_{t \to \infty} y(t) = \lim_{s \to 0} s \cdot \frac{K}{s(Ts+1)} \cdot \frac{1}{s} = \infty \tag{4.37}$$

この伝達関数は例えば直流サーボモータの近似的な特性を表しており, インパルス入力に対して一定の回転角, ステップ入力に対しては連続回転している状況を表している。

4.4 フィードバック制御系の応答

4.2節, 4.3節の説明は全てオープンループでの応答である。そこでこの章の最後に図4.11のフィードバック制御系の応答について考えてみよう。

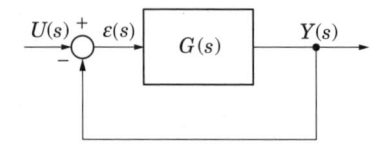

図 4.11 フィードバック制御系

例題4.8

図4.11の閉ループ伝達関数および入力に対する偏差信号を求めよ。

4.4 フィードバック制御系の応答

解答 図4.11において以下の式が成立する。

$$\varepsilon(s) = U(s) - Y(s) \tag{4.38}$$

$$Y(s) = G(s)\varepsilon(s) \tag{4.39}$$

この二つの式から $\varepsilon(s)$ を消去すれば，

$$Y(s) = \frac{G(s)}{1+G(s)}U(s) \tag{4.40}$$

を得る。従ってこのフィードバック制御系の閉ループ伝達関数は

$$W(s) = \frac{G(s)}{1+G(s)} \tag{4.41}$$

で与えられる。また(4.38)式，(4.39)式から $Y(s)$ を消去すれば偏差信号は

$$\varepsilon(s) = \frac{1}{1+G(s)}U(s) \tag{4.42}$$

例題4.9 一次遅れ系の閉ループ系の応答

図4.11で $G(s)$ が一次遅れ系の場合の単位ステップ入力に対する定常応答および定常偏差を求めよ。

解答 図4.11で，一次遅れ系の伝達関数 $G(s)$ は(4.11)式より

$$G(s) = \frac{K}{Ts+1}$$

だから，

$$W(s) = \frac{G(s)}{1+G(s)} = \frac{K}{Ts+1+K} \tag{4.43}$$

である。従って，図4.11のフィードバック系の応答は，

$$Y(s) = \frac{K}{Ts+1+K}U(s) \tag{4.44}$$

で決定される.今,$U(s)$が単位ステップ入力の場合の定常応答を考えれば,

$$\lim_{t \to \infty} y(t) = \lim_{s \to 0} s \cdot \frac{K}{Ts+1+K} \cdot \frac{1}{s} = \frac{K}{K+1} \tag{4.45}$$

である.またこのときの偏差信号$\varepsilon(t)$の定常値は,

$$\lim_{t \to \infty} \varepsilon(t) = \lim_{s \to 0} s \cdot \frac{1}{1+G(s)} \cdot \frac{1}{s} = \lim_{s \to 0} \frac{Ts+1}{Ts+1+K} = \frac{1}{K+1} \tag{4.46}$$

である.(4.46)式は偏差信号$\varepsilon(t)$の定常値を表しているので,**定常偏差**と呼ばれる.$G(s)$が一次遅れ系($T=1$,$K=2$)の場合の図4.11の単位ステップ応答,およびそのときの偏差信号を図4.12に示す.

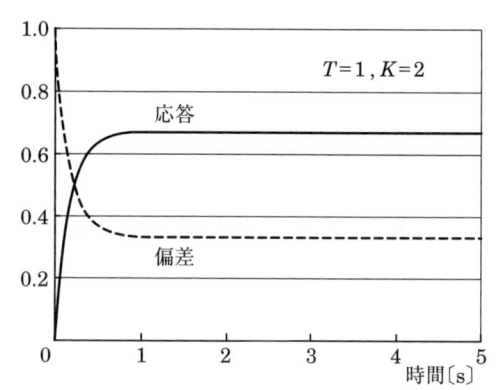

図4.12 図4.11の単位ステップ応答(一次遅れ系の場合)

$T=1$,$K=2$の場合,応答$y(t)$の定常値は(4.45)式から,

$$\lim_{t \to \infty} y(t) = \frac{K}{K+1} = \frac{2}{3} = 0.67 \tag{4.47}$$

である.また定常偏差は(4.46)式から,

$$\lim_{t \to \infty} \varepsilon(t) = \frac{1}{K+1} = \frac{1}{3} = 0.33 \tag{4.48}$$

これらはいずれも図4.12の結果に一致している.即ち,単位ステップ入力に

対して図4.11のフィードバック制御系の定常値はゲイン K の値により変動し, K の値に応じた定常偏差が残るのである。例えば $K=1$ の場合であれば, (4.45)式, (4.46)式から出力の定常値, 定常偏差ともに $\frac{1}{2}$ の値であり, 入力レベル1に対して出力はその半分のレベルで定常状態に落ち着いてしまうということである。一方, 時定数 T は定常値には全く影響しない。

定常応答が目標値に一致できない現象は4.3節のオープンループの場合には発生しなかった。オープンループでは, 出力は入力と同じレベルの定常値に落ち着いていたのである。しかしこのことは決してフィードバック制御系の欠点を表しているのではない。4.3節のオープンループの場合は, 入力を入れたら出力が出るというだけの関係であり, 制御ということの概念は全く含まれていない。出力が入力の通りになっているかどうかの確認がなされていないのである。ところが, 図4.11の例では出力が入力にフィードバックされており, フィードバック制御系の基本構成になっているのである。この場合は皮肉なことにたまたま「定常偏差の残る制御系」の構成になってしまっただけのことである。フィードバック制御系を構成した場合, 定常偏差が残る制御系になるかならないかは $G(s)$ の形だけで決まるし, またそれを回避するための制御系の構成方法がある。そのことについては一例を例題4.12に示し, 詳しくは第8章で述べる。

例題 4. 10　二次遅れ系の閉ループ系の応答

図4.11で $G(s)$ が二次遅れ系の場合の単位ステップ入力に対する定常応答および定常偏差を求めよ。

解答　図4.11で,

$$G(s) = \frac{K}{T^2 s^2 + 2\varsigma T s + 1}$$

だからこの場合の閉ループ伝達関数 $W(s)$ は,

$$W(s) = \frac{G(s)}{1+G(s)} = \frac{K}{T^2 s^2 + 2\varsigma T s + 1 + K} \tag{4.49}$$

である。従って単位ステップ入力に対する定常値は，

$$\lim_{t \to \infty} y(t) = \lim_{s \to 0} s \cdot \frac{K}{T^2 s^2 + 2\varsigma T s + 1 + K} \cdot \frac{1}{s} = \frac{K}{K+1} \quad (4.50)$$

であり，定常偏差は，

$$\lim_{t \to \infty} \varepsilon(t) = \lim_{s \to 0} s \cdot \frac{1}{1+G(s)} \cdot \frac{1}{s} = \lim_{s \to 0} \frac{T^2 s^2 + 2\varsigma T s + 1}{T^2 s^2 + 2\varsigma T s + 1 + K} = \frac{1}{K+1} \quad (4.51)$$

従って二次遅れ系の場合も定常応答としては一次遅れ系と同じ結果になり，ς の値にかかわらず定常偏差が残る制御系である。単位ステップ応答例を図4.13に示す。図4.13は $K=2$ の場合の例であり，応答の定常値および定常偏差は(4.50)式，(4.51)式に合っている。二次遅れ系の場合も定常値は時定数に無関係である。

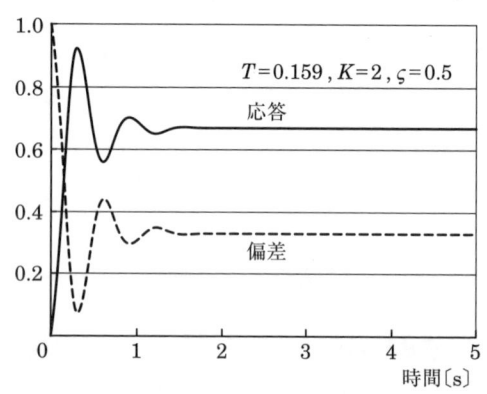

図 4.13 図 4.11 の単位ステップ応答（二次遅れ系の場合）

例題 4. 11

図4.14に示す直流サーボモータによる回転角制御系について，単位ステップ入力に対する定常応答の考察をせよ。ただし直流サーボモータの伝達関数は，

$$G(s) = \frac{K_a}{s(Ts+1)} \quad (4.52)$$

とし，K は比例制御器のゲインである。

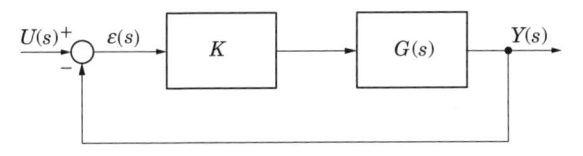

図 4.14 回転角制御系

解答 図 4.14 において以下の式が成立する。

$$\varepsilon(s) = U(s) - Y(s) \tag{4.53}$$

$$Y(s) = KG(s)\varepsilon(s) \tag{4.54}$$

従って，

$$Y(s) = \frac{KG(s)}{1+KG(s)}U(s) \tag{4.55}$$

$$\varepsilon(s) = \frac{1}{1+KG(s)}U(s) \tag{4.56}$$

である。ここで (4.52) 式を代入すれば，

$$Y(s) = \frac{KK_a}{Ts^2 + s + KK_a}U(s) \tag{4.57}$$

$$\varepsilon(s) = \frac{s(Ts+1)}{Ts^2 + s + KK_a}U(s) \tag{4.58}$$

である。従って，単位ステップ入力の $U(s)$ に対して，

$$\lim_{t \to \infty} y(t) = \lim_{s \to 0} s \cdot \frac{KK_a}{Ts^2 + s + KK_a} \cdot \frac{1}{s} = 1 \tag{4.59}$$

$$\lim_{t \to \infty} \varepsilon(t) = \lim_{s \to 0} s \cdot \frac{s(Ts+1)}{Ts^2 + s + KK_a} \cdot \frac{1}{s} = 0 \tag{4.60}$$

即ちこの例題は例 4.7 のシステムに対してフィードバック制御系を構成した場合であり，オープンでは単位ステップ入力に対して発散していたシステムが，フ

ィードバックループを構成することによって定常偏差は残らず出力は入力の値に一致して目標値通りの回転角を実現することができたことを示している。単位ステップ応答の例を図4.15に示す。

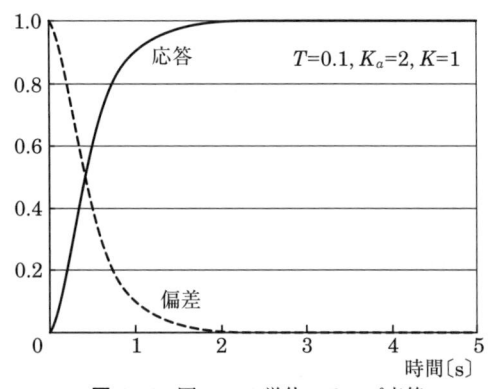

図 4.15 図 4.14 の単位ステップ応答

定常偏差が残る制御系は，勿論そのままでは実用に向かない。図 4.12 や図 4.13 のままの特性では制御系として失格なのである。ステップ入力に対する定常偏差が残るか残らないかは，制御対象の伝達関数 $G(s)$ の型のみによることであって，

$$G(s) = \frac{K}{Ts+1} \quad , \quad G(s) = \frac{K}{T^2 s^2 + 2\varsigma Ts + 1} \tag{4.61}$$

の場合には定常偏差が残り，

$$G(s) = \frac{K}{s} \quad , \quad G(s) = \frac{K}{s(Ts+1)} \quad , \quad G(s) = \frac{K}{s(T^2 s^2 + 2\varsigma Ts + 1)} \tag{4.62}$$

の場合には残らない。即ち，制御対象の伝達関数の分母に s という単独の因子を含まない場合は定常偏差が残り，含めば定常偏差は残らない。(4.61)式の形は s^0 の因子を含むという意味で**ゼロ型**，(4.62)式の形は s^1 の因子を含むという意味で**Ⅰ型**と呼ばれる。ゼロ型はステップ入力に対して定常偏差が残り，Ⅰ型は残らないのである。

制御対象がゼロ型の場合，定常偏差を回避するためには制御器に比例要素の他に積分要素を追加すればよい。この種の制御器のことを**比例＋積分制御器**と呼ぶ

のだが，詳しくは第8章で説明することにして，ひとつ例を示しておこう．

例題 4.12

図4.16の制御系で$G(s)$が一次遅れ系，二次遅れ系いずれの場合においてもステップ入力に対して定常偏差は存在しないことを示せ．

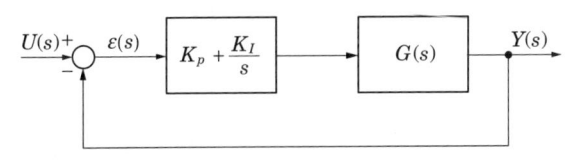

図4.16 比例＋積分補償制御系

解答 制御器の伝達関数を$C(s)$とおけば，

$$C(s) = K_p + \frac{K_I}{s} = \frac{K_p s + K_I}{s} \tag{4.63}$$

である．このとき偏差信号$\varepsilon(s)$は

$$\varepsilon(s) = \frac{1}{1+C(s)G(s)} U(s) \tag{4.64}$$

で与えられる．

$G(s)$が一次遅れ系の場合

$$\varepsilon(s) = \frac{1}{1+C(s)G(s)} U(s) = \frac{1}{1+\frac{K_p s + K_I}{s} \cdot \frac{K}{Ts+1}} \cdot \frac{1}{s}$$

$$= \frac{s(Ts+1)}{s(Ts+1) + K(K_p s + K_I)} \cdot \frac{1}{s} \tag{4.65}$$

従って，偏差の定常値は，

$$\lim_{t \to \infty} \varepsilon(t) = \lim_{s \to 0} s \cdot \frac{s(Ts+1)}{s(Ts+1) + K(K_p s + K_I)} \cdot \frac{1}{s} = 0 \tag{4.66}$$

である．即ち定常偏差は残らない．

また$G(s)$が二次遅れ系の場合，

$$\varepsilon(s) = \frac{1}{1+C(s)G(s)} U(s) = \frac{1}{1+\dfrac{K_p s + K_I}{s} \cdot \dfrac{K}{T^2 s^2 + 2\varsigma T s + 1}} \cdot \frac{1}{s}$$

$$= \frac{s(T^2 s^2 + 2\varsigma T s + 1)}{s(T^2 s^2 + 2\varsigma T s + 1) + K(K_p s + K_I)} \cdot \frac{1}{s} \tag{4.67}$$

である。従って，

$$\lim_{t \to \infty} \varepsilon(t) = \lim_{s \to 0} s \cdot \frac{s(T^2 s^2 + 2\varsigma T s + 1)}{s(T^2 s^2 + 2\varsigma T s + 1) + K(K_p s + K_I)} \cdot \frac{1}{s} = 0 \tag{4.68}$$

であり，この場合も定常偏差は残らない。

第4章　練習問題

1　下記のブロック線図で

　(1)　$G(s) = \dfrac{1}{s(s+1)}$　　(2)　$G(s) = \dfrac{s+2}{s(s+1)}$

の場合の，単位インパルス応答，単位ステップ応答を求めよ。

図 4.17　オープンループシステム

2　問題1の図の単位ステップ応答が $y(t) = t - \sin t$ だった場合の伝達関数 $G(s)$ を求めよ。

3　問題1の図で $G(s) = \dfrac{5s+1}{(s+1)(2s+1)}$ の場合の単位ステップ応答を求めよ。

4　問題1の図で $G(s) = \dfrac{1-5s}{(s+1)(2s+1)}$ の場合の単位ステップ応答を求めよ。

5　$G(s) = \dfrac{K_a}{s(T_a s + 1)}$ のとき，図のフィードバック制御系が時定数 0.1，減衰係数 0.5 の二次遅れ系になるように K_a, T_a の値を決定せよ。

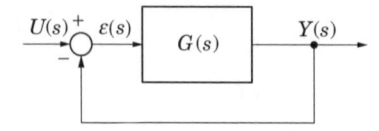

図 4.18　フィードバック制御系

4章付録1　たたみ込み関数のラプラス変換

ここではたたみ込み関数のラプラス変換について基本的な考え方を述べる。本文(4.7)式,

$$y(t) = \int_0^t g(t-\tau)u(\tau)d\tau$$

のラプラス変換は, 定義により,

$$Y(s) = \int_0^\infty \left[\int_0^t g(t-\tau)u(\tau)d\tau \right] e^{-st} dt \tag{4.69}$$

である。$g(t)$, $u(t)$ ともに $t<0$ では0だから, 本文でも述べたとおり[　]内の積分範囲は∞に置き換えることができて,

$$Y(s) = \int_0^\infty \left[\int_0^\infty g(t-\tau)u(\tau)d\tau \right] e^{-st} dt \tag{4.70}$$

である。[　]内の τ に関する積分は t については固定して考えられるので e^{-st} 項を τ に関する積分の中に入れて考えることができる。即ち,

$$Y(s) = \int_0^\infty \left[\int_0^\infty g(t-\tau)u(\tau)e^{-st}d\tau \right] dt \tag{4.71}$$

ここで τ と t について積分の順序を交換することができるので,

$$Y(s) = \int_0^\infty \left[\int_0^\infty g(t-\tau)e^{-st}dt \right] u(\tau)d\tau \tag{4.72}$$

と変形することができる。ここで[　]内はラプラス変換の推移定理の形だから,

$$Y(s) = \int_0^\infty e^{-\tau s} G(s)u(\tau)d\tau \tag{4.73}$$

である。$G(s)$ は τ に関する積分には関係がないので積分の外に出して,

$$Y(s) = G(s)\int_0^\infty u(\tau)e^{-\tau s}d\tau = G(s)U(s) \tag{4.74}$$

が得られる。

4章付録2　二次遅れ系の応答解析

二次遅れ系の単位ステップ応答に関するラプラス逆変換について説明する。便宜上，二次遅れ系の伝達関数を

$$G(s) = \frac{K\omega_n^2}{s^2 + 2\zeta\omega_n s + \omega_n^2} \tag{4.75}$$

で表しゲイン$K=1$とする。このとき，単位ステップ入力に対する応答は，

$$Y(s) = \frac{\omega_n^2}{s^2 + 2\zeta\omega_n s + \omega_n^2} \cdot \frac{1}{s} \tag{4.76}$$

$$y(t) = \mathcal{L}^{-1}\left[\frac{\omega_n^2}{s^2 + 2\zeta\omega_n s + \omega_n^2} \cdot \frac{1}{s}\right] \tag{4.77}$$

で与えられる。ここで(4.77)式のラプラス逆変換を考える。分母の二次式を，

$$s^2 + 2\zeta\omega_n s + \omega_n^2 = 0 \tag{4.78}$$

とし，この二つの解をs_1, s_2とすれば，$\zeta>1$の場合，

$$s_1 = \left(-\zeta + \sqrt{\zeta^2-1}\right)\omega_n \quad, \quad s_2 = \left(-\zeta - \sqrt{\zeta^2-1}\right)\omega_n \tag{4.79}$$

$\zeta<1$の場合，

$$s_1 = \left(-\zeta + j\sqrt{1-\zeta^2}\right)\omega_n \quad, \quad s_2 = \left(-\zeta - j\sqrt{1-\zeta^2}\right)\omega_n \tag{4.80}$$

である。このとき(4.76)式は，

$$Y(s) = \frac{\omega_n^2}{(s-s_1)(s-s_2)} \cdot \frac{1}{s} \tag{4.81}$$

である。(4.81)式を部分分数に分解すれば，

$$Y(s) = \frac{k_0}{s} + \frac{k_1}{s-s_1} + \frac{k_2}{s-s_2} \tag{4.82}$$

と表現することができる。従って，二次系のステップ応答$y(t)$は，

$$y(t) = \mathcal{L}^{-1}\left[Y(s)\right] = k_0 + k_1 e^{s_1 t} + k_2 e^{s_2 t} \tag{4.83}$$

で与えられる。ここで(4.83)式の係数 k_0, k_1, k_2 は第2章で説明したヘビサイドの展開定理を用いて求めることができる。

また(4.78)式が重解を持つ場合、即ち、$\varsigma=1$ の場合、

$$s_1 = s_2 = -\omega_n \tag{4.84}$$

であり、(4.82)式は、

$$Y(s) = \frac{k_0}{s} + \frac{k_1}{s-s_1} + \frac{k_2}{(s-s_1)^2} \tag{4.85}$$

である。従って、逆変換は、

$$y(t) = \mathcal{L}^{-1}\bigl[Y(s)\bigr] = k_0 + k_1 e^{s_1 t} + k_2 t e^{s_1 t} \tag{4.86}$$

で与えられる。

① $\varsigma > 1$ の場合

この場合の二つの実数解は(4.79)式で与えられる。

$$k_0 = \lim_{s \to 0} s Y(s) = \lim_{s \to 0} s \cdot \frac{\omega_n^2}{(s-s_1)(s-s_2)} \cdot \frac{1}{s} = 1 \tag{4.87}$$

$$k_1 = \lim_{s \to s_1}(s-s_1)Y(s) = \lim_{s \to s_1}(s-s_1) \cdot \frac{\omega_n^2}{(s-s_1)(s-s_2)} \cdot \frac{1}{s}$$

$$= \frac{1}{2\sqrt{\varsigma^2-1}\bigl(-\varsigma+\sqrt{\varsigma^2-1}\bigr)} \tag{4.88}$$

$$k_2 = \lim_{s \to s_2}(s-s_2)Y(s) = \lim_{s \to s_2}(s-s_2) \cdot \frac{\omega_n^2}{(s-s_1)(s-s_2)} \cdot \frac{1}{s}$$

$$= \frac{1}{2\sqrt{\varsigma^2-1}\bigl(\varsigma+\sqrt{\varsigma^2-1}\bigr)} \tag{4.89}$$

だから(4.87)式、(4.88)式、(4.89)式を(4.83)式に代入することにより、

$$y(t) = 1 + \frac{1}{2\sqrt{\varsigma^2-1}}\left\{\frac{1}{\varsigma+\sqrt{\varsigma^2-1}} e^{-\left(\varsigma+\sqrt{\varsigma^2-1}\right)\omega_n t} - \frac{1}{\varsigma-\sqrt{\varsigma^2-1}} e^{-\left(\varsigma-\sqrt{\varsigma^2-1}\right)\omega_n t}\right\}$$

$$= 1 - e^{-\varsigma\omega_n t}\left\{\cosh\sqrt{\varsigma^2-1}\,\omega_n t + \frac{\varsigma}{\sqrt{\varsigma^2-1}}\sinh\sqrt{\varsigma^2-1}\,\omega_n t\right\} \quad (4.90)$$

が得られる。ただし,

$$\cosh x = \frac{e^x + e^{-x}}{2}, \quad \sinh x = \frac{e^x - e^{-x}}{2} \quad (4.91)$$

である。

② $\varsigma = 1$ の場合

この場合の重解は(4.84)式で与えられる。

$$k_0 = \lim_{s \to 0} sY(s) = 1 \quad (4.92)$$

$$k_1 = \lim_{s \to s_1} \frac{d}{ds}(s - s_1)^2 Y(s) = -1 \quad (4.93)$$

$$k_2 = \lim_{s \to s_1}(s - s_1)^2 Y(s) = -\omega_n \quad (4.94)$$

である。従ってこの場合の応答は,

$$y(t) = 1 - e^{-\omega_n t} - \omega_n t e^{-\omega_n t} \quad (4.95)$$

で与えられる。

③ $\varsigma < 1$ の場合

この場合の二つの虚数解は(4.80)式で与えられる。

$$k_0 = \lim_{s \to 0} sY(s) = \lim_{s \to 0} s \cdot \frac{\omega_n^2}{(s-s_1)(s-s_2)} \cdot \frac{1}{s} = 1 \quad (4.96)$$

$$k_1 = \lim_{s \to s_1}(s-s_1)Y(s) = \lim_{s \to s_1} \frac{\omega_n^2}{(s-s_2)} \cdot \frac{1}{s} = \frac{-\varsigma - j\sqrt{1-\varsigma^2}}{2j\sqrt{1-\varsigma^2}} \quad (4.97)$$

$$k_2 = \lim_{s \to s_2}(s-s_2)Y(s) = \lim_{s \to s_2} \frac{\omega_n^2}{(s-s_1)} \cdot \frac{1}{s} = \frac{\varsigma - j\sqrt{1-\varsigma^2}}{2j\sqrt{1-\varsigma^2}} \quad (4.98)$$

である。従って,

$$y(t) = 1 + \frac{-\varsigma - j\sqrt{1-\varsigma^2}}{2j\sqrt{1-\varsigma^2}} e^{\left(-\varsigma + j\sqrt{1-\varsigma^2}\right)\omega_n t} + \frac{\varsigma - j\sqrt{1-\varsigma^2}}{2j\sqrt{1-\varsigma^2}} e^{\left(-\varsigma - j\sqrt{1-\varsigma^2}\right)\omega_n t}$$

(4.99)

である。(4.99)式を整理して,

$$y(t) = 1 - e^{-\varsigma \omega_n t}\left\{\cos\sqrt{1-\varsigma^2}\,\omega_n t + \frac{\varsigma}{\sqrt{1-\varsigma^2}}\sin\sqrt{1-\varsigma^2}\,\omega_n t\right\} \quad (4.100)$$

を得る。

第5章

制御系の周波数応答

　第4章までは制御系の入力信号として主にインパルス入力とステップ入力を考えてきたが，入力信号が正弦波状に変動する周期関数の場合，制御系の応答はステップ入力の場合とは異なった挙動を示す。この正弦波入力に対する応答を制御系の周波数応答と呼ぶ。この章では周波数伝達関数の概念を学びベクトル軌跡とボード線図の書き方を習得する。ボード線図は古典制御理論の中核をなす概念であり習熟しなければならない。

5.1 制御系の周波数応答

　図5.1に示す線形システムにおいて入力$u(t)$が正弦波の場合，出力$y(t)$は，初期の過渡応答のあと定常的な正弦波振動となって安定する。このとき振動周波数は入力信号の周波数に等しく，振幅と位相が異なる。例えば$G(s)$が一次遅れ系の場合の応答は図5.2に示す通りである。

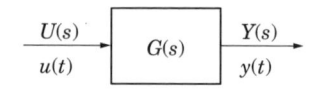

図 5.1　線形システム

5.1 制御系の周波数応答

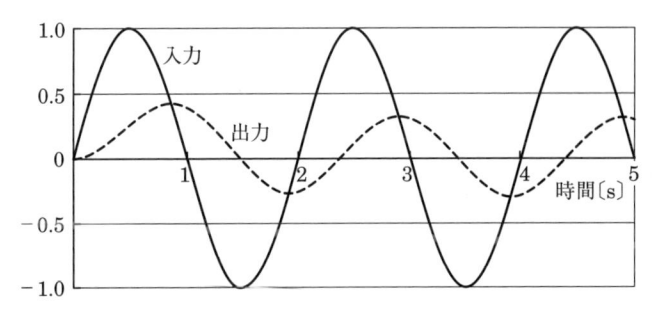

図 5.2 一次遅れ系 $G(s)=1/(s+1)$ の周波数応答（入力周波数 0.5Hz）

図5.2の出力は最初の約2秒あたりまでは過渡応答で歪んでいるが時間の経過とともに正弦波に落ち着いている。この例から分かるように正弦波入力に対する線形系の定常応答は正弦波になり，振幅と位相が異なるが周波数は入力信号の周波数に等しい。このような制御系への入力信号が正弦波の場合の応答を特に**周波数応答**と呼ぶ。第4章で説明したインパルス応答やステップ応答は，過渡応答と定常応答に等しく注目しているのに対し，周波数応答の場合は過渡応答にはあまり着目せず出力が定常的な正弦波になってからの定常応答について考察することが多い。

例題 5.1

図5.1の線形系への入力信号が正弦波のとき出力の定常応答も正弦波になることを示せ。

解答 図5.1において線形系の出力 $Y(s)$ は，

$$Y(s) = G(s)U(s) \tag{5.1}$$

である。今，制御系への入力信号 $u(t)$ が振幅 A の正弦波とすれば，

$$u(t) = A\sin\omega t \tag{5.2}$$

であり，第2章のラプラス変換表から

$$U(s) = \mathcal{L}\left[A\sin\omega t\right] = \frac{A\omega}{s^2+\omega^2} \tag{5.3}$$

である。従って，

$$Y(s) = G(s)\frac{A\omega}{s^2+\omega^2} \tag{5.4}$$

である。(5.4)式で，

$$G(s) = \frac{Q(s)}{P(s)} \tag{5.5}$$

とし，$P(s)$の次数が$Q(s)$の次数より高いとする。このとき$P(s)$の極を$p_1, p_2, \cdots, p_n$とし，全てが一位の極とすれば，

$$\begin{aligned}Y(s) &= \frac{Q(s)A\omega}{(s-p_1)(s-p_2)\cdots(s-p_n)(s-j\omega)(s+j\omega)} \\ &= \frac{k_1}{s-p_1}+\frac{k_2}{s-p_2}+\cdots+\frac{k_n}{s-p_n}+\frac{c_1}{s-j\omega}+\frac{c_2}{s+j\omega}\end{aligned} \tag{5.6}$$

と部分分数に分解して表現することができる。ここで$G(s)$は安定な線形系だとすれば$p_1, p_2, \cdots, p_n$は全て負の実部を持ちそれらに対応した解$e^{p_i t}$は全て減衰する。即ち，これらの特性根は過渡応答のみに寄与し，定常応答は(5.6)式の最後の2項のみで決定される。そこでヘビサイドの展開定理を用いてc_1, c_2を求めると，

$$c_1 = \lim_{s\to j\omega}(s-j\omega)Y(s) = \lim_{s\to j\omega}G(s)\frac{A\omega}{s+j\omega} = \frac{AG(j\omega)}{2j} \tag{5.7}$$

$$c_2 = \lim_{s\to -j\omega}(s+j\omega)Y(s) = \lim_{s\to -j\omega}G(s)\frac{A\omega}{s-j\omega} = \frac{-AG(-j\omega)}{2j} \tag{5.8}$$

である。ここで$G(j\omega)$は複素数なので，

$$G(j\omega) = |G(j\omega)|e^{j\varphi}, \quad G(-j\omega) = |G(j\omega)|e^{-j\varphi} \tag{5.9}$$

と表現すれば（章末練習問題1），

$$c_1 = \frac{A|G(j\omega)|e^{j\varphi}}{2j} \tag{5.10}$$

$$c_2 = \frac{-A|G(j\omega)|e^{-j\varphi}}{2j} \tag{5.11}$$

である。従って定常解は(5.6)式の逆変換から，

$$y(t) = c_1 e^{j\omega t} + c_2 e^{-j\omega t}$$
$$= A|G(j\omega)|\frac{e^{j(\omega t+\varphi)} - e^{-j(\omega t+\varphi)}}{2j} = A|G(j\omega)|\sin(\omega t + \varphi) \tag{5.12}$$

である。従って(5.2)式の正弦波入力に対する線形系の定常応答は，振幅が$|G(j\omega)|$倍され，位相は$G(j\omega)$の位相角φだけ異なる正弦波になる。

5.2 周波数伝達関数

例題5.1の結果を要約すれば，線形系$G(s)$に対する入力が

$$u(t) = A\sin\omega t \tag{5.2}$$

のとき，出力の定常応答は

$$y(t) = A|G(j\omega)|\sin(\omega t + \varphi) \tag{5.12}$$

である。ここで$\varphi = \angle G(j\omega)$である。このとき入出力の振幅比を**ゲイン**(Gain)と呼び，位相差を**位相**(Phase)と呼ぶ。即ち，

$$\text{ゲイン}: g(\omega) = \frac{A|G(j\omega)|}{A} = |G(j\omega)| \tag{5.13}$$

$$\text{位 相}: \varphi(\omega) = \angle G(j\omega) \tag{5.14}$$

このゲインおよび位相の値は一定ではなく入力角周波数ωによって変化する。このように応答のゲインおよび位相が入力信号の角周波数によって変動する現象を**システムの周波数特性**という。この周波数特性はシステムの伝達関数$G(s)$と密接に結びついており，伝達関数$G(s)$において$s=j\omega$とおいたときに得られる複素ベクトル$G(j\omega)$の絶対値および位相角が入力正弦波に対する出力のゲインおよび位相を表している。$G(j\omega)$のことをシステムの**周波数伝達関数**という。$G(j\omega)$のベクトル図を示せば図5.3(a)の通りである。しかし我々が対象とするシステムの伝達関数$G(s)$は一般に位相遅れ特性を持ち出力は入力に対して遅れることが多い。すなわち(5.14)式の位相は負の値になることが多く，その場合

の $G(j\omega)$ のベクトル図は図5.3(b)である。

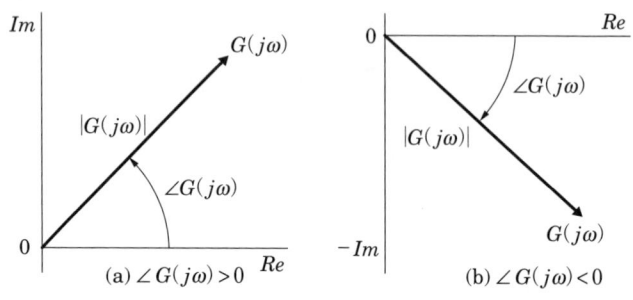

図 5.3 $G(j\omega)$ のベクトル図

例題 5.2

一次遅れ系 $G(s) = \dfrac{K}{Ts+1}$ のベクトル図を示せ。

解答 この場合の周波数伝達関数 $G(j\omega)$ は

$$G(j\omega) = \frac{K}{j\omega T + 1} = \frac{K(j\omega T - 1)}{(j\omega T + 1)(j\omega T - 1)}$$

$$= K\left(\frac{1}{1+(\omega T)^2} - j\frac{\omega T}{1+(\omega T)^2}\right) \tag{5.15}$$

である。従って，

$$|G(j\omega)| = K\sqrt{\left(\frac{1}{1+(\omega T)^2}\right)^2 + \left(\frac{\omega T}{1+(\omega T)^2}\right)^2} = \frac{K}{\sqrt{1+(\omega T)^2}} \tag{5.16}$$

$$\angle G(j\omega) = -\tan^{-1}\omega T \tag{5.17}$$

である。

ベクトル図を示せば図5.4である。

図 5.4　一次遅れ系のベクトル図

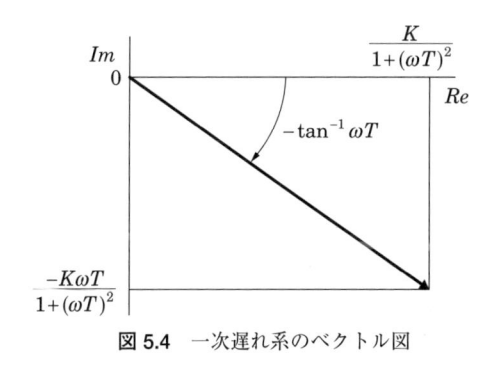

5.3　ベクトル軌跡

　周波数伝達関数 $G(j\omega)$ のベクトル図は入力信号の角周波数 ω の値によって変化する。そこで周波数伝達関数 $G(j\omega)$ において角周波数 ω の値を 0 から ∞ まで変化させたときのベクトル図の先端の軌跡を $G(j\omega)$ の**ベクトル軌跡**という。

例題 5.3

$K=1$，$T=1$ のとき，一次遅れ系 $G(s)=\dfrac{K}{Ts+1}$ のベクトル軌跡を示せ。

解答　$K=1$，$T=1$ の場合の周波数伝達関数のゲインおよび位相は (5.15) 式，(5.16) 式，(5.17) 式から

$$|G(j\omega)| = \sqrt{\left(\frac{1}{1+\omega^2}\right)^2 + \left(\frac{\omega}{1+\omega^2}\right)^2} = \frac{1}{\sqrt{1+\omega^2}} \tag{5.18}$$

$$\angle G(j\omega) = -\tan^{-1}\omega \tag{5.19}$$

である。ベクトル軌跡は図 5.5 の通りである。

第5章 制御系の周波数応答

図 5.5 一次遅れ系のベクトル軌跡

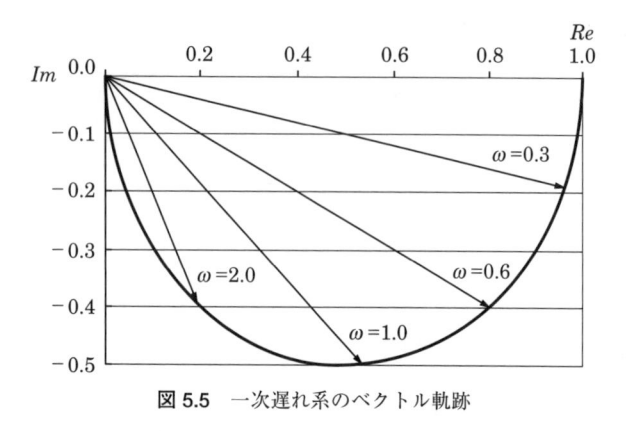

例題 5.4

二次遅れ系 $G(s) = \dfrac{K\omega_n^2}{s^2 + 2\varsigma\omega_n s + \omega_n^2}$ の周波数伝達関数を求め $K=1$ の場合について ς をパラメータにしてベクトル軌跡を示せ。

解答 この場合の周波数伝達関数は，

$$G(j\omega) = \frac{K\omega_n^2}{\left(\omega_n^2 - \omega^2\right) + j2\varsigma\omega_n\omega} \tag{5.20}$$

である。ここで $\dfrac{\omega}{\omega_n} = \Omega$ ，$K=1$ と置けば

$$G(j\Omega) = \frac{1}{\left(1-\Omega^2\right) + j2\varsigma\Omega} = \frac{1-\Omega^2}{\left(1-\Omega^2\right)^2 + (2\varsigma\Omega)^2} - j\frac{2\varsigma\Omega}{\left(1-\Omega^2\right)^2 + (2\varsigma\Omega)^2} \tag{5.21}$$

$$|G(j\Omega)| = \frac{1}{\sqrt{\left(1-\Omega^2\right)^2 + 4\varsigma^2\Omega^2}} \tag{5.22}$$

$$\angle G(j\Omega) = -\tan^{-1}\frac{2\varsigma\Omega}{1-\Omega^2} \tag{5.23}$$

である。ς をパラメータにしてベクトル軌跡を示せば図5.6である。Ω はシステムの固有角周波数 ω_n で規格化された角周波数を表している。

図 5.6　二次遅れ系ベクトル軌跡

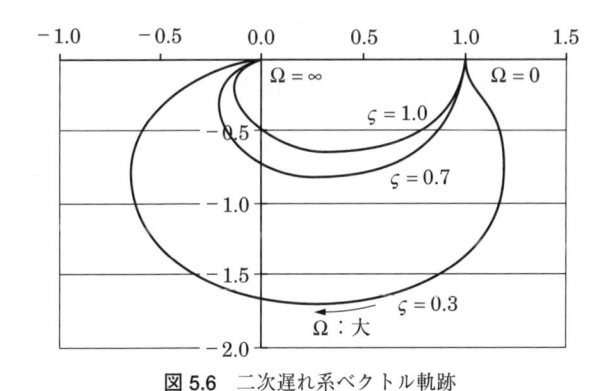

5.4　ボード線図

　ボード線図は周波数伝達関数 $G(j\omega)$ の絶対値 $|G(j\omega)|$ と位相角 $\angle G(j\omega)$ を縦軸に，横軸には入力の角周波数 ω をとったグラフである。このとき横軸 ω は対数表示とし，ゲインの単位はデシベル〔dB〕を用いる。デシベル単位でのゲイン $g(\omega)$ は，

$$g(\omega) = 20\log_{10}|G(j\omega)| \tag{5.24}$$

で定義される。即ち，周波数伝達関数の絶対値 $|G(j\omega)|$ の常用対数を 20 倍した値が dB 表示でのゲインであり，ボード線図では (5.24) 式を周波数伝達関数 $G(j\omega)$ のゲインと呼ぶ。尚，常用対数の底の 10 については特に必要がない限り記載しないことが多い。またボード線図での位相 $\varphi(\omega)$ は，

$$\varphi(\omega) = \angle G(j\omega) \tag{5.25}$$

で定義され deg 単位で表示されることが多い。

例題 5.5

横軸 ω が対数表示の場合,グラフは周波数で10倍ごとに等間隔になることを示せ.

解答 例えば,

$$\log_{10} 1 - \log_{10} 0.1 = \log_{10} \frac{1}{0.1} = \log_{10} 10 = 1$$

$$\log_{10} 10 - \log_{10} 1 = \log_{10} \frac{10}{1} = \log_{10} 10 = 1$$

である.同様に,一般の ω について,

$$\log_{10} 10\omega - \log_{10} \omega = \log_{10} \frac{10\omega}{\omega} = \log_{10} 10 = 1$$

であり,対数目盛上での $\omega = 0.1, 1, 10, 100$ [rad/sec] のそれぞれの間隔は1である.この対数目盛上での,周波数で10倍の間隔を1デカード(decade)と呼ぶ.記号は dec である.

例題 5.6

入出力の振幅が等しい場合,および出力振幅が入力振幅の $\frac{1}{2}$ の場合のゲインを求めよ.

解答 入力振幅を A,出力振幅を B とすれば,$A = B$ のとき,

$$20 \log_{10} \frac{B}{A} = 20 \log_{10} 1 = 0 \, \text{dB}$$

$\frac{B}{A} = \frac{1}{2}$ のとき,

$$20 \log_{10} \frac{B}{A} = 20 \log_{10} \frac{1}{2} = -6.02 \, \text{dB}$$

である.即ちボード線図での0dBは入出力の振幅が等しいという意味であり,-6 dB は出力振幅が入力振幅の $\frac{1}{2}$ という意味である.

例題 5.7 一次遅れ系のボード線図

一次遅れ系のボード線図を描け。

解答 一次遅れ系の伝達関数は，

$$G(s) = \frac{K}{Ts+1} \tag{5.26}$$

である。例題5.2の結果から，

$$|G(j\omega)| = \frac{K}{\sqrt{1+(\omega T)^2}} \quad , \quad \angle G(j\omega) = -\tan^{-1}\omega T$$

だから，ボード線図でのゲインおよび位相は，

$$g(\omega) = 20\log\frac{K}{\sqrt{1+(\omega T)^2}} = 20\log K - 10\log\{1+(\omega T)^2\} \tag{5.27}$$

$$\varphi(\omega) = -\tan^{-1}\omega T \tag{5.28}$$

である。$K=1$の場合，(5.27)式は，

$$g(\omega) = -10\log\{1+(\omega T)^2\} \tag{5.29}$$

(5.29)式，(5.28)式を$T=1$の場合についてボード線図に示せば図5.7である。

図5.7のゲイン線図において $\omega \ll 1$ の領域では(5.29)式から，

$$g(\omega) = 0\,\mathrm{dB} \tag{5.30}$$

であり，$\omega \gg 1$ の領域では，

$$g(\omega) = -20\log\omega \,\mathrm{dB} \tag{5.31}$$

である。(5.31)式は横軸がωの対数表示の場合，即ち$\log\omega$に対して直線の式を表しており，勾配が$-20\,\mathrm{dB/dec}$である。$\omega \ll 1$の領域では出力振幅は入力振幅に等しく位相遅れ角も小さいが，$\omega \gg 1$の領域では出力振幅が小さくなり，かつ位相遅れ角が増大し$-90°$に漸近していく。$\omega=1$の点のゲインは(5.29)式から$-3.01\,\mathrm{dB}$であり，位相遅れ角は$-45°$である。

図 5.7　$G(s)=1/(s+1)$ のボード線図

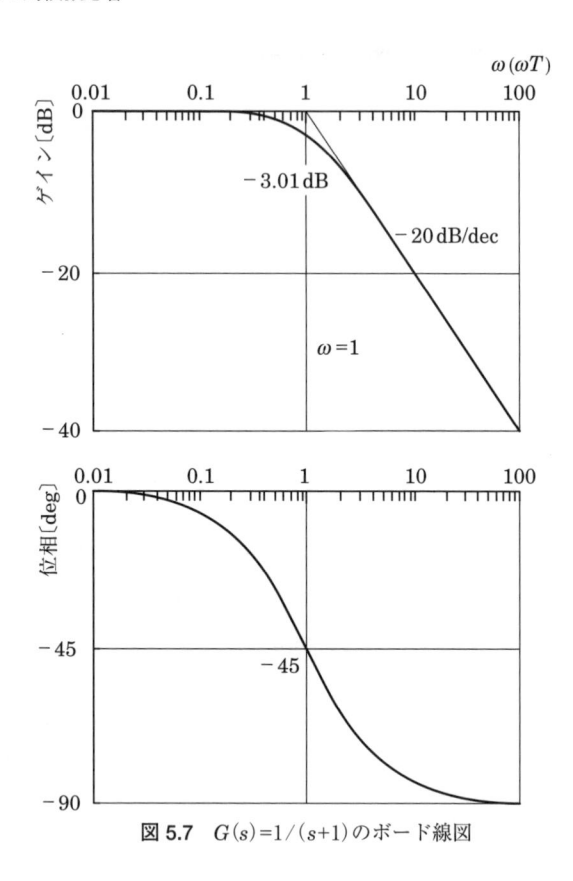

例題5.8 一次遅れ系のボード線図：時定数の影響

一次遅れ系のボード線図において時定数の影響について考察せよ。

解答　$K=1$ に固定し，一次遅れ時定数 T をパラメータにして示せば図5.8である。図5.8のゲイン線図から，$\omega \gg 1$ の漸近線と0dBとの交点の角周波数が時定数の逆数になっていることがわかる。即ち，この交点における角周波数と時定数の間には，

$$\omega = \frac{1}{T} \tag{5.32}$$

5.4 ボード線図

の関係がある。この ω のことを**折点周波数**(固有角周波数)といい ω_n で表す。一次遅れ系は時定数 T の違いによってゲイン線図，位相線図ともに周波数軸方向にグラフが平行移動しているだけである。

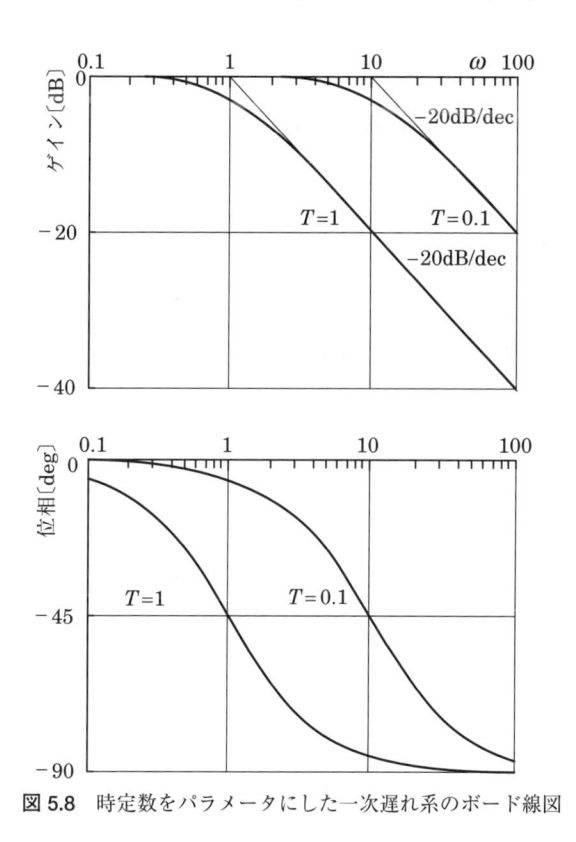

図 5.8 時定数をパラメータにした一次遅れ系のボード線図

例題 5.9 一次遅れ系のボード線図：横軸の規格化

一次遅れ系のボード線図の横軸は時定数 T の値に関わらず ωT で規格化できることを示せ。

解答 再び (5.27) 式，(5.28) 式に戻れば，一次遅れ系のゲインおよび位相は全て ωT の関数になっている。即ち，ボード線図において横軸を ω の代わ

91

りに ωT とすれば，時定数 T によるグラフの周波数軸方向の平行移動は発生せず，$\omega T=1$ の点が折れ点周波数になる一本のボード線図だけで全ての時定数の一次遅れ系のボード線図を表現できていることになる。横軸を ωT とした一次遅れ系のボード線図は図5.7と全く同じである。即ち図5.7で横軸を ωT に読み替えればよい。横軸が ωT のボード線図において，$-20\log\omega T$ の直線が0dBの線と交差する点では，$-20\log\omega T=0$ であり $\omega T=1$ である。即ち，(5.32)式である。図5.7は横軸を ωT と読み替えることにより全ての一次遅れ系のボード線図を表しているのである。時定数 T の値に係らず横軸を ωT で考えることを**規格化**という。

例題5.10 一次遅れ系のボード線図：時間応答との対比

ボード線図のゲイン及び位相を時間軸のグラフで確認せよ。

解答 図5.9に一次遅れ系の場合の正弦波入力に対する時間軸での出力例を示す。図5.9は，

$$G(s)=\frac{1}{Ts+1} \quad , \quad T=0.32 \tag{5.33}$$

の一次遅れ系に対して，

$$u(t)=\sin\omega t \quad , \quad \omega=3.14\,\mathrm{rad/sec} \tag{5.34}$$

の入力を加えた場合の時間軸応答を示している。(5.34)式は(5.33)式の固有角周波数 $\omega_n=\frac{1}{T}$ に等しい入力信号であり，$\omega T=1$ の関係が成り立っているから，(5.29)式，(5.28)式で $\omega T=1$ と置くことにより，

$$g(\omega)=-3.01\mathrm{dB} \quad , \quad \varphi(\omega)=-45°$$

である。これは図5.7の $\omega=1$ の点（横軸をそのまま ωT と読み替えてよい）でのゲインおよび位相である。即ち，(5.33)式の一次遅れ系は(5.34)式の入力に対してゲインが-3.01dB，位相角が-45°になるという意味である。このことを図5.9で確認する。

図5.9で出力振幅をBとすれば入力振幅$A=1$に対してほぼ$B=0.7$と読み取ることができる。従ってこの場合のゲインは，

$$20\log\frac{B}{A} = -3.1$$

となり，図5.7のボード線図の結果にほぼ等しい。また図5.9での出力の位相遅れも半周期（180°）のほぼ$\frac{1}{4}$と読めることから$-45°$である。この例により，ボード線図が表しているゲインと位相が，各々の角周波数における系の周波数応答の振幅比と位相角を表現していることが確認できる。

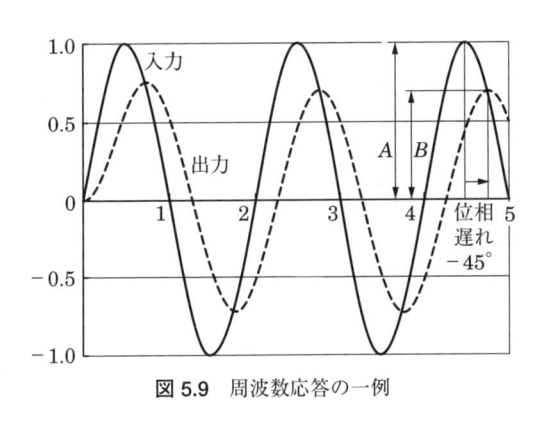

図 5.9 周波数応答の一例

例題5.11 一次遅れ系のボード線図：ゲインKの影響

一次遅れ系のボード線図において，ゲインKの影響について考察せよ。

解答 （5.27)式，（5.28)式は，

$$g(\omega) = 20\log\frac{K}{\sqrt{1+\omega^2 T^2}} = 20\log K - 10\log(1+\omega^2 T^2) \tag{5.27}$$

$$\varphi(\omega) = -\tan^{-1}\omega T \tag{5.28}$$

だから，伝達関数のゲインKはボード線図における位相線図にはまった

く変化を与えず，ゲイン線図のみが$20\log K$だけ上下方向に平行移動するだけである．Kをパラメータにした場合の一次遅れ系のゲイン線図を図5.10に示す．

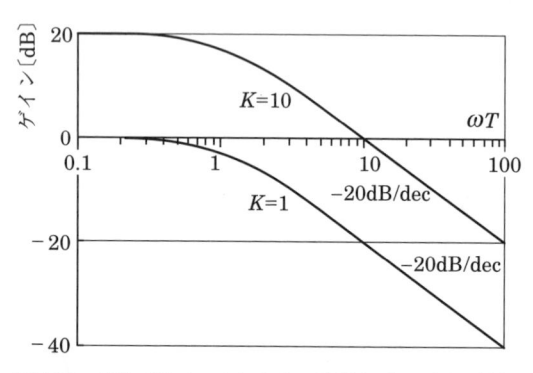

図 5.10 Kをパラメータにした一次遅れ系のゲイン線図

例題5.12 二次遅れ系のボード線図

二次遅れ系のボード線図について考察せよ．

解答 二次遅れ系伝達関数の一般形は

$$G(s) = \frac{K}{T^2 s^2 + 2\zeta T s + 1} \tag{5.35}$$

で表現され，(5.35)式は(5.36)式に変形できる．ただし$\omega_n = \dfrac{1}{T}$である．

$$G(s) = \frac{K\omega_n^2}{s^2 + 2\zeta\omega_n s + \omega_n^s} \tag{5.36}$$

(5.36)式で$s = j\omega$とおけば，二次遅れ系の周波数伝達関数は，

$$G(j\omega) = \frac{K\omega_n^2}{(\omega_n^2 - \omega^2) + j2\zeta\omega_n\omega} \tag{5.37}$$

である．(5.37)式を固有角周波数ω_nで規格化すれば，

$$G(j\omega) = \frac{K}{\left\{1-\left(\frac{\omega}{\omega_n}\right)^2\right\} + j2\varsigma\left(\frac{\omega}{\omega_n}\right)} \tag{5.38}$$

である。従って，

$$|G(j\omega)| = \frac{K}{\sqrt{\left\{1-\left(\frac{\omega}{\omega_n}\right)^2\right\}^2 + 4\varsigma^2\left(\frac{\omega}{\omega_n}\right)^2}} \tag{5.39}$$

である。また位相角は，

$$\angle G(j\omega) = -\tan^{-1}\frac{2\varsigma\left(\frac{\omega}{\omega_n}\right)}{1-\left(\frac{\omega}{\omega_n}\right)^2} \tag{5.40}$$

である。(5.39)式，(5.40)式で，

$$\Omega = \frac{\omega}{\omega_n} \tag{5.41}$$

と置けば，二次遅れ系のゲインのデシベル値及び位相角は，

$$g(\Omega) = 20\log K - 10\log\left\{(1-\Omega^2)^2 + 4\varsigma^2\Omega^2\right\} \tag{5.42}$$

$$\varphi(\Omega) = -\tan^{-1}\frac{2\varsigma\Omega}{1-\Omega^2} \tag{5.43}$$

で与えられる。(5.42)式，(5.43)式から二次遅れ系のゲイン線図，位相線図は減衰係数ςの値で異なることがわかる。$K=1$としてςをパラメータとした二次遅れ系のボード線図を図5.11に示す。

図5.11において$\Omega \ll 1$の領域では，(5.42)式から，$K=1$の場合，

$$g(\Omega) = 0\text{dB} \tag{5.44}$$

であり，$\Omega \gg 1$の領域では(5.42)式から，

$$g(\Omega) = -40\log\Omega \tag{5.45}$$

である。(5.45)式は横軸Ωが対数目盛（即ち，$\log\Omega$）の場合，直線の式を表しておりその勾配は$-40\text{dB}/\text{dec}$である。この直線と0dBの直線

第5章 制御系の周波数応答

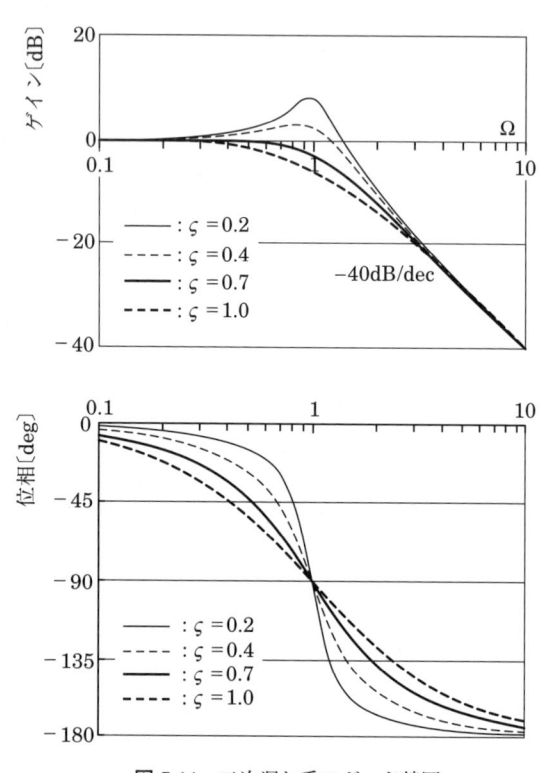

図 5.11 二次遅れ系のボード線図

との交点は $\Omega=1$, 即ち, $\omega=\omega_n$ のところである。

図5.11から二次遅れ系のゲイン線図は ς が小さいとき正のゲインを有していることがわかる。即ち, 入力振幅より出力振幅が大きくなる現象である。この正のゲインは, (5.42)式で $K=1$ とし $\Omega^2=A$ とおけば,

$$g(A) = -10\log\{A^2 + 2(2\varsigma^2 - 1)A + 1\} \tag{5.46}$$

の右辺の対数の真数が $A>0$ の領域で,

$$0 < A^2 + 2(2\varsigma^2 - 1)A + 1 < 1 \tag{5.47}$$

の値を持つときに対数の値が負となって発生する。即ち,

$$f(A) = A^2 + 2(2\varsigma^2 - 1)A + 1$$
$$= \{A - (1 - 2\varsigma^2)\}^2 + 1 - (1 - 2\varsigma^2)^2 \tag{5.48}$$

とおけば,

$$1 - 2\varsigma^2 > 0 \tag{5.49}$$

$$0 < 1 - (1 - 2\varsigma^2)^2 < 1 \tag{5.50}$$

のときに発生する。従ってボード線図で正のゲインが発生する条件は,

$$0 < \varsigma < \frac{1}{\sqrt{2}} \tag{5.51}$$

である。このピーク値が発生するときの角周波数 ω_p は,

$$A = 1 - 2\varsigma^2$$

即ち,

$$\omega_p = \omega_n \sqrt{1 - 2\varsigma^2} \tag{5.52}$$

である。ω_p のことを共振角周波数という。

また図5.11の位相線図については,$\Omega \ll 1$ でゼロに漸近し $\Omega = 1$ で位相角が $-90°$,$\Omega \gg 1$ で $-180°$ に漸近する。伝達関数のゲイン K がゲイン線図のみに影響し,位相線図には影響を及ぼさないことは一次遅れ系の場合と全く同じである。

例題 5.13 伝達関数の積のボード線図

二つの伝達関数の積のボード線図について考察せよ。

解答 直列結合された積の伝達関数は,

$$G(s) = G_1(s)G_2(s) \tag{5.53}$$

の形で表現できる。このとき，

$$|G(j\omega)| = |G_1(j\omega)||G_2(j\omega)| \tag{5.54}$$

$$\angle G(j\omega) = \angle G_1(j\omega) + \angle G_2(j\omega) \tag{5.55}$$

が成り立つから (章末練習問題)，

$$20\log|G(j\omega)| = 20\log|G_1(j\omega)| + 20\log|G_2(j\omega)| \tag{5.56}$$

である。従って，二つの伝達関数の積の伝達関数のボード線図はゲイン・位相ともに，それぞれの伝達関数のゲイン線図・位相線図を加え合わせればよいことがわかる。更に，三つ以上の伝達関数の積のボード線図もそれぞれのボード線図の代数的加算で得られる。グラフ上での加算で全体システムのボード線図が得られるところにボード線図の大きな特徴がある。

例題 5.14 微分要素のボード線図

$G(s) = s$ のボード線図を描け。

解答 $G(j\omega) = j\omega$, $20\log|G(j\omega)| = 20\log\omega$, $\angle G(j\omega) = 90°$

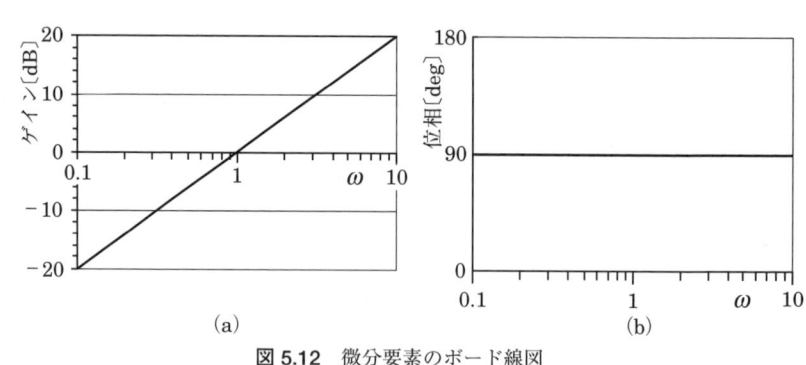

図 5.12 微分要素のボード線図

5.4 ボード線図

例題 5.15 積分要素のボード線図

$G(s) = \dfrac{1}{s}$ のボード線図を描け。

解答

$$G(j\omega) = \dfrac{1}{j\omega} = -j\dfrac{1}{\omega}$$

$$20\log|G(j\omega)| = -20\log\omega \quad , \quad \angle G(j\omega) = -90°$$

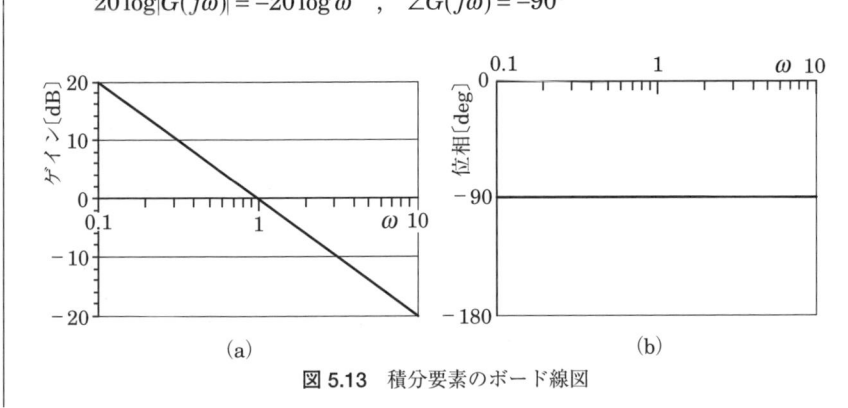

図 5.13 積分要素のボード線図

例題 5.16 位相遅れ要素のボード線図

$G(s) = \dfrac{T_2 s + 1}{T_1 s + 1}$ のボード線図を描け。ただし $T_1 = 10$, $T_2 = 1$ とする。

解答

$$|G(j\omega)| = \dfrac{|j\omega T_2 + 1|}{|j\omega T_1 + 1|} \quad , \quad \angle G(j\omega) = \tan^{-1}\omega T_2 - \tan^{-1}\omega T_1$$

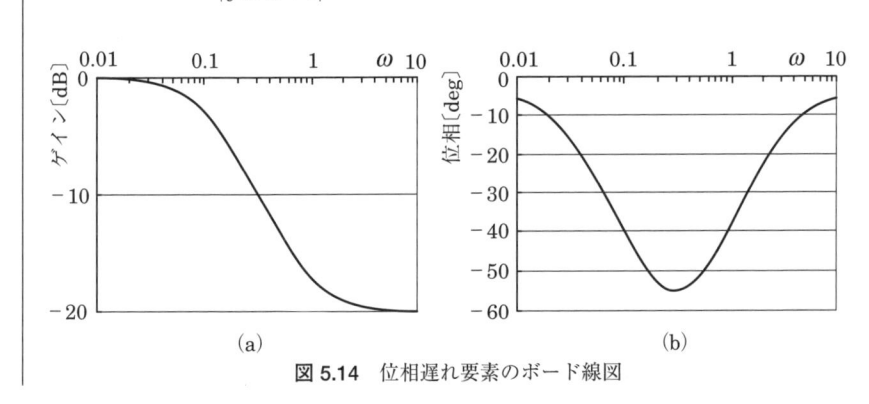

図 5.14 位相遅れ要素のボード線図

例題 5.17 位相進み要素のボード線図

$G(s) = \dfrac{T_2 s + 1}{T_1 s + 1}$ のボード線図を描け。ただし $T_1 = 1$, $T_2 = 10$ とする。

解答

$$|G(j\omega)| = \dfrac{|j\omega T_2 + 1|}{|j\omega T_1 + 1|} \quad , \quad \angle G(j\omega) = \tan^{-1}\omega T_2 - \tan^{-1}\omega T_1$$

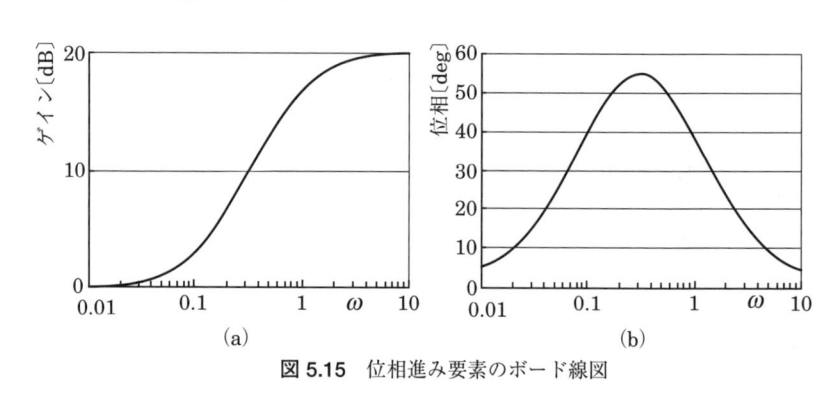

図 5.15 位相進み要素のボード線図

例題 5.18 無駄時間要素のボード線図

$G(s) = e^{-Ls}$ のボード線図を描け

解答

$$G(j\omega) = e^{-j\omega L} = \cos\omega L - j\sin\omega L \quad , \quad |G(j\omega)| = 1$$

$$\angle G(j\omega) = -\tan^{-1}\dfrac{\sin\omega L}{\cos\omega L} = -\omega L$$

即ち，無駄時間要素はゲインが全ての ω に対して 0dB であり，位相だけが遅れる。

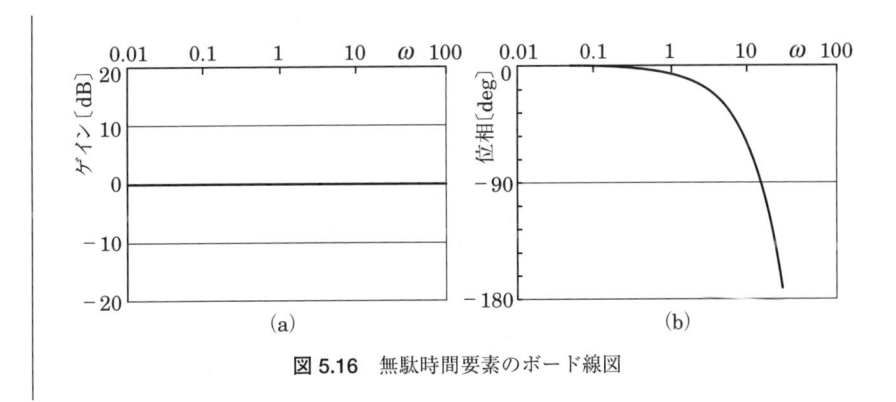

(a) ゲイン [dB] / (b) 位相 [deg]

図 5.16　無駄時間要素のボード線図

第5章　練習問題

1　本文(5.9)式の関係を証明せよ。

2　$G(s) = \dfrac{1}{s(T_1 s + 1)(T_2 s + 1)}$ の周波数伝達関数およびベクトル軌跡を示せ。ただし，$T_1 = 1$，$T_2 = 2$ とする。

3　本文(5.54)式，(5.55)式を証明せよ。

4　二次遅れ系の場合の横軸の規格化について考察せよ。

5　図5.17のオープンループと図5.18のクローズドループの周波数特性の違いについて $G(s)$ が一次遅れ系の場合について考察せよ。

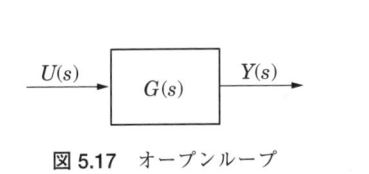

図 5.17　オープンループ 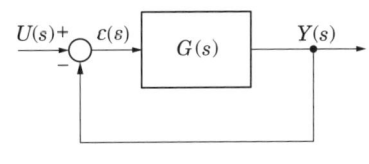　　　図 5.18　クローズドループ

第6章

制御系の安定性

この章では制御系の安定・不安定ということについて考え，安定判別の手法としてRouth法，Hurwitz法，Nyquist法，ボード線図法，根軌跡法を取り上げる．根軌跡法は安定判別法というより制御系設計法の一つであると考えた方がいいかも知れない．しかしその内容はナイキスト線図やボード線図と本質的に異なるところがないので本書ではこの章で説明する．ここで取り扱う安定性は線形フィードバック制御系についての内部安定性である．

6.1 制御系の安定性

一般に，図6.1に示した線形フィードバック制御系において，入力や外乱が加えられた場合，図6.2に例を示すように，出力は過渡的に変動しながら定常値に落ち着くか，あるいは発散にいたる．入力や初期値あるいは外乱に対して出力が時間の経過とともに定常値に落ち着く制御系を**安定**（Stable）**な制御系**といい，発散にいたる制御系を**不安定**（Unstable）**な制御系**という．特殊な事例として持続振動が発生する制御系もある．これは安定と不安定の境界にある制御系である．制御系の安定性については高度に難しい理論も多いが，対象が線形定数系の場合は入力や外乱の大きさに関係なくシステム固有の性質で決まる．このことを制御系の**内部安定性**と呼ぶ．

6.1 制御系の安定性

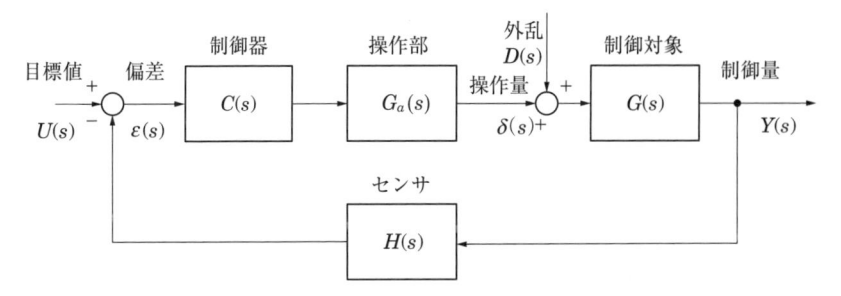

図 6.1 線形フィードバック制御系

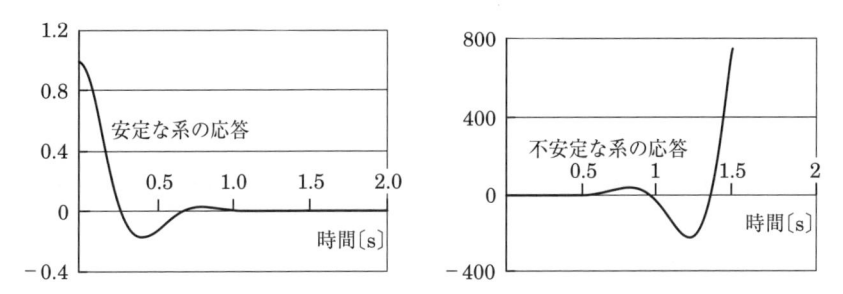

図 6.2 線系フィードバック制御系の応答例

以下，図6.1において簡単のために制御器は比例ゲインのみとし，操作部の伝達関数は1とする．即ち，

$$C(s) = K \quad , \quad G_a(s) = 1 \tag{6.1}$$

である．このとき図6.1の入出力関係は，

$$Y(s) = \frac{KG(s)}{1+KG(s)H(s)}U(s) + \frac{G(s)}{1+KG(s)H(s)}D(s) \tag{6.2}$$

である．即ち図6.1の制御系は，入力に対しても外乱に対してもゲインがK倍異なるのみで応答は同じである．そこでここでは(6.2)式において入力$U(s)$に対する出力$Y(s)$の安定性について考える．

(6.2)式で，閉ループ伝達関数

$$W(s) = \frac{KG(s)}{1+KG(s)H(s)} \tag{6.3}$$

第6章 制御系の安定性

の分母をゼロとおいた式，即ち，

$$1 + KG(s)H(s) = 0 \tag{6.4}$$

を図6.1のシステムの**特性方程式**といい，(6.4)式の解をシステムの**特性根**という。または**極**(pole)ともいう。このとき図6.1のシステムの安定性は特性方程式の解の性質で決定される。入力に対する特性方程式と外乱に対する特性方程式は(6.1)式の仮定の有無にかかわらず常に同じである。従って入力に対して安定な系は外乱に対しても安定である。

図6.1のシステムの安定性が特性方程式の解の性質で全て決定されることを一般論として示すのは少々煩雑になるので，まず簡単な例を用いて特性根と応答の安定性の関係を示そう。

例題6.1

図6.3のシステムで下記のときのインパルス応答を求めよ。

$$K = 2 \quad , \quad G(s) = \frac{2s+5}{(s+1)(s+2)}$$

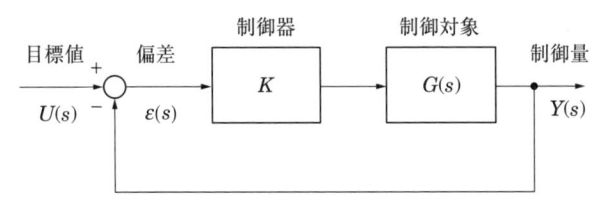

図 6.3 システムの安定性に関する例題

解答 図6.3のシステムの閉ループ伝達関数 $W(s)$ は，

$$W(s) = \frac{KG(s)}{1+KG(s)} = \frac{2(2s+5)}{s^2+7s+12} = \frac{2(2s+5)}{(s+3)(s+4)} \tag{6.5}$$

である。インパルス応答は入力がデルタ関数の場合であり $U(s)=1$ だからこの場合の出力は，

$$Y(s) = W(s)U(s) = W(s) \tag{6.6}$$

6.1 制御系の安定性

$$y(t) = \mathcal{L}^{-1}\bigl[W(s)\bigr] \tag{6.7}$$

で与えられる。ここで(6.5)式は,

$$W(s) = \frac{6}{s+4} - \frac{2}{s+3} \tag{6.8}$$

と部分分数に分解できるから(6.8)式をラプラス逆変換して,

$$y(t) = \mathcal{L}^{-1}\bigl[W(s)\bigr] = 6e^{-4t} - 2e^{-3t} \tag{6.9}$$

である。(6.9)式の応答をグラフに示すと図6.4であり,これは安定な系である。

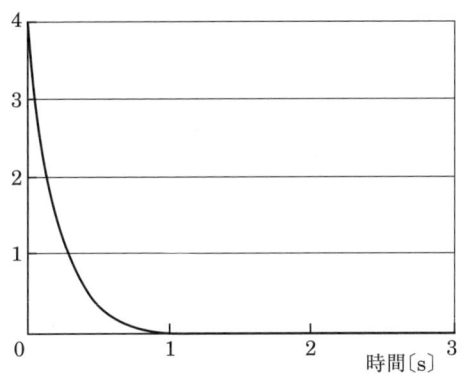

図 6.4 図 6.3のインパルス対応

(6.9)式から明らかなように,図6.3の応答は関数 e^{-4t} と e^{-3t} で決定されており,この指数関数のべき乗である-4と-3は,図6.3のシステムの特性方程式 $1+KG(s)=0$ の二つの解である。即ち,この例から,制御系の応答は特性方程式の解で決定され,その解が負の実部を有していれば安定であることがわかる。ラプラス逆変換を用いて応答を解析的に求めなくても,特性方程式の解の符号を調べるだけで,制御系が安定か不安定かの判断はできるのである。

ここで例6.1の内容をもう少し一般的に考えてみよう。制御系の閉ループ伝達関数を $W(s)$ とした場合のインパルス応答は(6.7)式で与えられる。ここで一般に $W(s)$ は,

第6章　制御系の安定性

$$W(s) = \frac{A(s)}{B(s)} \tag{6.10}$$

と表現することができる。(6.10)式で，$A(s)$，$B(s)$ ともに s の多項式であり分母の次数が分子の次数より高いとする。$B(s)$ は，

$$\begin{aligned}B(s) &= s^n + b_1 s^{n-1} + b_2 s^{n-2} + \cdots + b_{n-1}s + b_n \\ &= (s-\beta_1)(s-\beta_2)\cdots(s-\beta_{n-1})(s-\beta_n)\end{aligned} \tag{6.11}$$

と表現することができる。ここで，β_i は $B(s)=0$ の解，即ち特性方程式の解であり，実数または複素数である。従って(6.10)式は，

$$\begin{aligned}W(s) &= \frac{A(s)}{(s-\beta_1)(s-\beta_2)\cdots(s-\beta_{n-1})(s-\beta_n)} \\ &= \frac{a_1}{s-\beta_1} + \frac{a_2}{s-\beta_2} + \cdots + \frac{a_{n-1}}{s-\beta_{n-1}} + \frac{a_n}{s-\beta_n}\end{aligned} \tag{6.12}$$

と部分分数に展開することができる。ここで，α_i の値はヘビサイドの展開定理により求めることができる。(6.12)式はラプラス逆変換することが出来るから，この系のインパルス応答 $y(t)$ は，

$$y(t) = \mathcal{L}^{-1}[W(s)] = a_1 e^{\beta_1 t} + a_2 e^{\beta_2 t} + \cdots + a_{n-1} e^{\beta_{n-1} t} + a_n e^{\beta_n t} \tag{6.13}$$

で与えられる。β_i に正の実数解がある場合は発散，全て負の実数の場合は減衰になる。即ちインパルス応答の安定性は特性方程式の解で決まり，特性根の実部に正のものがひとつでもあれば系は発散し不安定である。従って，実際には(6.13)式の形で系の応答を求めなくても，特性方程式の解の符号を調べるだけで系の安定性を確認することができる。この方法として**ラウス・フルビッツ**（Routh-Hurwitz）の**安定判別法**がある。

尚，(6.12)式で，β_i は一対の共役な複素数であることもある。例えば，

$$\beta_i = a \pm jb \tag{6.14}$$

に対応する応答は，

$$y(t) = e^{(a+jb)t} + e^{(a-jb)t} = e^{at}\left(e^{jbt} + e^{-jbt}\right) = 2e^{at}\cos bt \tag{6.15}$$

であり，応答の安定性は共役な複素根の実部の符号で決まることに違いはない。簡単のために（6.15）式では共役な複素根に対する係数をそれぞれ1として示したが，一般に係数が異なる場合でも三角関数に位相角が発生するのみで，安定性に関する議論はまったく同じである。また，特性方程式が重解を持つ場合であっても問題はない。

例題6.2

例題6.1のシステムで単位ステップ入力の場合について考察せよ。

解答 (6.6)式において，$U(s) = \dfrac{1}{s}$ だから

$$y(t) = \mathcal{L}^{-1}\bigl[W(s)U(s)\bigr] = \mathcal{L}^{-1}\left[\frac{2(2s+5)}{(s+3)(s+4)} \cdot \frac{1}{s}\right] = \mathcal{L}^{-1}\left[\frac{a_1}{s} + \frac{a_2}{s+3} + \frac{a_3}{s+4}\right]$$

(6.16)

ここでヘビサイドの展開定理により，

$$a_1 = \lim_{s \to 0} s \cdot \frac{2(2s+5)}{s(s+3)(s+4)} = \frac{5}{6}$$

$$a_2 = \lim_{s \to -3}(s+3)\frac{2(2s+5)}{s(s+3)(s+4)} = \frac{2}{3}$$

$$a_3 = \lim_{s \to -4}(s+4)\frac{2(2s+5)}{s(s+3)(s+4)} = -\frac{3}{2}$$

である。従って，

$$y(t) = \frac{5}{6} + \frac{2}{3}e^{-3t} - \frac{3}{2}e^{-4t} \tag{6.17}$$

であり，図6.3の制御系はステップ入力に対しても安定である。尚，この例は定常偏差が残る系でありステップ応答の定常値は $\dfrac{5}{6}$ である。

第6章 制御系の安定性

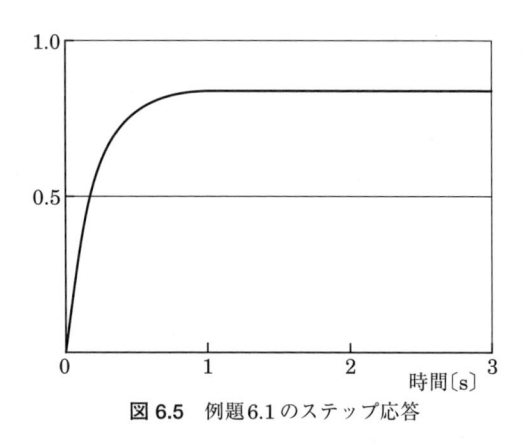

図6.5 例題6.1のステップ応答

(6.9)式と(6.17)式から,入力が違っても系の応答を支配する e^{-3t}, e^{-4t} という指数関数は同じであり,この例からも,系の応答は特性方程式の解が支配していることが理解できる。線形系の場合,系の安定性は入力の種類や大きさには関係がない。特性方程式の解だけによるのである。

例題6.3

図6.3で下記の場合の単位インパルス応答について考察せよ。

$$K = 1 , \quad G(s) = \frac{2}{s^2 + 2s + 2}$$

解答 閉ループ伝達関数は

$$W(s) = \frac{KG(s)}{1 + KG(s)} = \frac{2}{s^2 + 2s + 4}$$

である。ここで $U(s) = 1$ だから,

$$Y(s) = W(s)U(s) = \frac{2}{s^2 + 2s + 4} = \frac{a_1}{s - \alpha_1} + \frac{a_2}{s - \alpha_2}$$

と表現することができる。ここで α_i は特性方程式

$$s^2 + 2s + 4 = 0$$

の二つの解であり，$\alpha_i = -1 \pm j\sqrt{3}$ である。ここでヘビサイドの展開定理
により

$$a_1 = \lim_{s \to \alpha_1}(s-\alpha_1)\frac{2}{(s-\alpha_1)(s-\alpha_2)} = \frac{2}{\alpha_1-\alpha_2} = -j\frac{1}{\sqrt{3}}$$

$$a_2 = \lim_{s \to \alpha_2}(s-\alpha_2)\frac{2}{(s-\alpha_1)(s-\alpha_2)} = \frac{2}{\alpha_2-\alpha_1} = j\frac{1}{\sqrt{3}}$$

である。従って，

$$y(t) = -j\frac{1}{\sqrt{3}}e^{(-1+j\sqrt{3})t} + j\frac{1}{\sqrt{3}}e^{(-1-j\sqrt{3})t} = \frac{2\sqrt{3}}{3}e^{-t}\sin\sqrt{3}t$$

この場合の応答を図6.6に示す。この応答は振動的であるがe^{-t}の効果により減衰し安定である。即ち，振動解であっても特性方程式の解の実部が負であれば系は安定である。

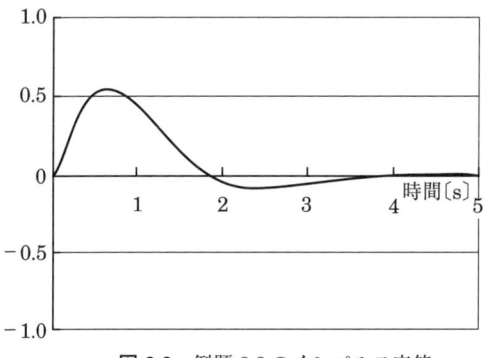

図6.6 例題6.3のインパルス応答

例題6.4

図6.3で下記の場合の単位インパルス応答について考察せよ。

$$K = 1 \quad , \quad G(s) = \frac{2}{s^2 - 2s + 2}$$

第6章 制御系の安定性

解答 特性方程式は $s^2-2s+4=0$ であり特性根は $\alpha_i = 1 \pm j\sqrt{3}$ である。従って，応答は，

$$y(t) = \frac{2\sqrt{3}}{3} e^t \sin\sqrt{3}t$$

応答を図6.7に示す。特性根の正の実部の影響で発散している。

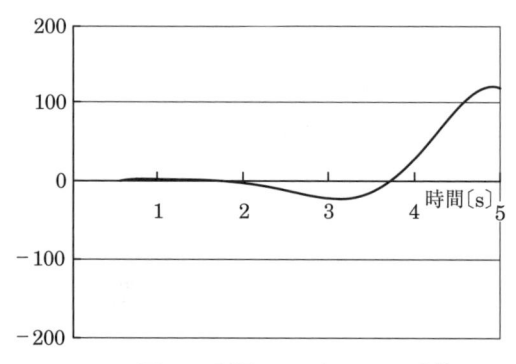

図 6.7　例題6.4のインパルス応答

6.2　安定判別法

（1）ラウス（Routh）の方法

6.1節で述べたとおり制御系の安定性を決定するのは特性方程式の解である。特性方程式の解に正の実部を有するものが一つでもあれば，その制御系は発散に至る。従って制御系の安定判別法としては特性方程式の解の実部の符号について調べればよいことになる。この安定判別法として，しばしば用いられるラウスの方法とフルビッツの方法はいずれも，特性方程式を表す多項式の係数のみから正の実部を含む解が存在するかどうかを判定している。これらの方法は判定をするだけであり実際に特性根を求めるものではない。

無駄時間を含まない線形系の特性方程式は s の多項式，

$$a_0 s^n + a_1 s^{n-1} + \cdots + a_{n-1} s + a_n = 0 \tag{6.18}$$

で表現することができる。ラウスの方法，フルビッツの方法はいずれも（6.18）

式の係数 ($a_0, a_1, \cdots a_{n-1}, a_n$) のみから正の実部を有する特性根の有無を判定する方法である。

> **ラウスの安定判別条件**
> (6.18)式の解の実部が全て負であるための必要十分条件は
> ① (6.18)式の係数が全て存在して同符号
> ② ラウス表の左端の係数が全て同符号
> である。

ここで①の全てという意味は a_0 から a_n までに，ある次数の係数が欠落していてはいけないということである。(6.18)式のラウス表の作り方は次の通りである。

$$
\begin{array}{ccccc}
s^n & a_0 & a_2 & a_4 & a_6 \cdots \\
s^{n-1} & a_1 & a_3 & a_5 & a_7 \cdots \\
s^{n-2} & b_1 & b_2 & b_3 & b_4 \cdots \\
s^{n-3} & c_1 & c_2 & c_3 & c_4 \cdots \\
s^{n-4} & d_1 & d_2 & d_3 & d_4 \cdots \\
\cdot & \cdot & \cdot & \cdot & \cdots \\
\cdot & \cdot & \cdot & \cdot & \cdots \\
s^0 & \cdot & \cdot & \cdot & \\
\end{array}
$$

ここで

$$b_1 = -\frac{1}{a_1}\begin{vmatrix}a_0 & a_2\\a_1 & a_3\end{vmatrix} \quad b_2 = -\frac{1}{a_1}\begin{vmatrix}a_0 & a_4\\a_1 & a_5\end{vmatrix} \quad b_3 = -\frac{1}{a_1}\begin{vmatrix}a_0 & a_6\\a_1 & a_7\end{vmatrix} \cdots$$

$$c_1 = -\frac{1}{b_1}\begin{vmatrix}a_1 & a_3\\b_1 & b_2\end{vmatrix} \quad c_2 = -\frac{1}{b_1}\begin{vmatrix}a_1 & a_5\\b_1 & b_3\end{vmatrix} \quad c_3 = -\frac{1}{b_1}\begin{vmatrix}a_1 & a_7\\b_1 & b_4\end{vmatrix} \cdots$$

$$d_1 = -\frac{1}{c_1}\begin{vmatrix}b_1 & b_2\\c_1 & c_2\end{vmatrix} \quad d_2 = -\frac{1}{c_1}\begin{vmatrix}b_1 & b_3\\c_1 & c_3\end{vmatrix} \quad d_3 = -\frac{1}{c_1}\begin{vmatrix}b_1 & b_4\\c_1 & c_4\end{vmatrix} \cdots \quad (6.19)$$

である。

第6章 制御系の安定性

例題6.5

特性方程式が

$$s^4 + 5s^3 + 10s^2 + 10s + 4 = 0$$

のシステムについてラウスの方法による安定判別を行なえ。

解答 ラウスの安定判別条件のうち係数が全て存在して正だからラウス表を作成する。

特性方程式より

$a_0 = 1, a_1 = 5, a_2 = 10, a_3 = 10, a_4 = 4$

$$b_1 = -\frac{1}{5}\begin{vmatrix} 1 & 10 \\ 5 & 10 \end{vmatrix} = -\frac{1}{5}(10-50) = 8, \quad b_2 = -\frac{1}{5}\begin{vmatrix} 1 & 4 \\ 5 & 0 \end{vmatrix} = -\frac{1}{5}(0-20) = 4$$

$$c_1 = -\frac{1}{8}\begin{vmatrix} 5 & 10 \\ 8 & 4 \end{vmatrix} = -\frac{1}{8}(20-80) = 7.5$$

$$d_1 = -\frac{1}{7.5}\begin{vmatrix} 8 & 4 \\ 7.5 & 0 \end{vmatrix} = -\frac{1}{7.5}(0-30) = 4$$

となるので，ラウス表は以下のようになる。

1	10	4
5	10	0
8	4	
7.5	0	
4		

ここで左端の係数が全て正だからこのシステムは安定である。

実際この特性方程式は，

$$(s+1)(s+2)(s+1+j)(s+1-j) = 0$$

と因数分解できて，根の実部はいずれも負である。

（2）フルビッツ（Hurwitz）の方法

再び(6.18)式に戻って，

$$a_0 s^n + a_1 s^{n-1} + \cdots + a_{n-1} s + a_n = 0$$

について $(n \times n)$ のフルビッツ行列 H を次のように定義する。

$$H = \begin{bmatrix} a_1 & a_3 & a_5 & a_7 & \cdot & \cdot \\ a_0 & a_2 & a_4 & a_6 & \cdot & \cdot \\ 0 & a_1 & a_3 & a_5 & \cdot & \cdot \\ 0 & a_0 & a_2 & a_4 & \cdot & \cdot \\ 0 & 0 & a_1 & a_3 & \cdot & \cdot \\ 0 & 0 & a_0 & a_2 & \cdot & \cdot \\ \cdot & \cdot & \cdot & \cdot & & \end{bmatrix} \qquad (6.20)$$

ただし $a_i : i > n$ については 0 とおく。さらに（6.20）のフルビッツ行列に対して以下のフルビッツ小行列式を定義する。

$$H_2 = \begin{vmatrix} a_1 & a_3 \\ a_0 & a_2 \end{vmatrix} \quad H_3 = \begin{vmatrix} a_1 & a_3 & a_5 \\ a_0 & a_2 & a_4 \\ 0 & a_1 & a_3 \end{vmatrix} \cdots \qquad (6.21)$$

このときフルビッツの安定判別条件は以下の通りである。

フルビッツの安定判別条件

（6.18）式の根の実部が全て負であるための必要十分条件は

1　（6.18）式の係数が全て存在して正

2　H_2 から H_{n-1} までのフルビッツ小行列式が全て正

である。

例題 6.6

例題 6.5 のシステムについてフルビッツの方法で安定判別をせよ。

解答　全ての係数が存在して正である。フルビッツの行列は，

$$H = \begin{bmatrix} 5 & 10 & 0 & 0 \\ 1 & 10 & 4 & 0 \\ 0 & 5 & 10 & 0 \\ 0 & 1 & 10 & 4 \end{bmatrix}$$

だから，

$$H_2 = \begin{vmatrix} 5 & 10 \\ 1 & 10 \end{vmatrix} = 40 > 0 \quad , \quad H_3 = \begin{vmatrix} 5 & 10 & 0 \\ 1 & 10 & 4 \\ 0 & 5 & 10 \end{vmatrix} = 300 > 0$$

従って，安定である。四次のシステムだから H_3 まで求めればよい。

例題6.7

図6.8の制御系が安定であるためのゲイン K の範囲を求めよ。

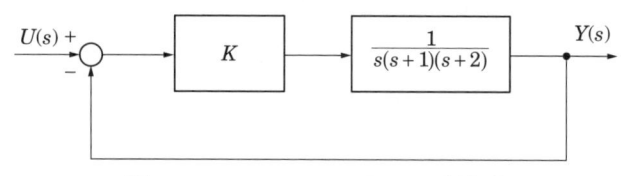

図 6.8 ユニティーフィードバック制御系

解答 この制御系の特性方程式は，

$$1 + \frac{K}{s(s+1)(s+2)} = 0$$

から，

$$s^3 + 3s^2 + 2s + K = 0$$

である。従ってこの制御系の安定条件はフルビッツ法によれば，

$$K > 0$$

$$H_2 = \begin{vmatrix} 3 & K \\ 1 & 2 \end{vmatrix} > 0 \quad 6 - K > 0$$

である。従って，$0 < K < 6$ の範囲でこの制御系は安定である。尚，特性方程式が3次だからフルビッツの行列式は H_2 まで求めればよい。

（3）ナイキスト（Nyquist）の方法

(6.4)式に戻って，一巡伝達関数$KG(s)H(s)$のベクトル軌跡を用いて行なう安定判別法をナイキストの安定判別法という。ここで用いられる一巡伝達関数のベクトル軌跡は特にナイキスト線図と呼ばれている。一巡伝達関数のナイキスト線図は$s=j\omega$とおき，ωを$-\infty$から$+\infty$まで変化させることにより得られる。

ナイキストの安定判別法は一巡伝達関数$KG(s)H(s)$が複素平面上の右半平面に極（不安定極）を含むかどうかで表現が異なる。ただし一般には一巡伝達関数が複素平面上の右半平面に極を持つことはないから，ここでは，一巡伝達関数が複素平面上の右半平面に極を持たない場合に限ったナイキストの安定判別法を示す。このことを「簡単化されたナイキストの安定判別法」という。

簡単化されたナイキストの安定判別法

一巡伝達関数$KG(s)H(s)$のナイキスト線図が$\omega:0\to\infty$の間に複素平面上の$(-1, j0)$点を左に見て進めば安定，右に見れば不安定である。

図6.9に安定の場合と不安定の場合のナイキスト線図の例を示す。

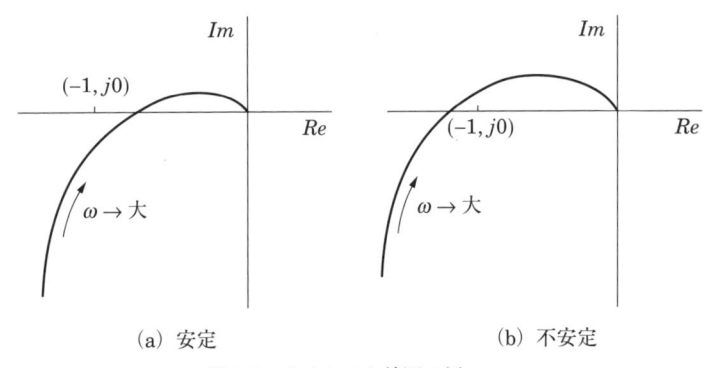

(a) 安定　　　　　　　(b) 不安定

図 6.9 ナイキスト線図の例

一巡伝達関数$KG(s)H(s)$のナイキスト線図が安定の場合，ゲインKを大きくしていくと軌跡と虚軸との交点が$(-1, j0)$点に接近し，やがて$(-1, j0)$を越えて不安定になることがある。従ってナイキスト線図は安定の程度も表しており，

第6章　制御系の安定性

ラウスやフルビッツの方法と基本的に違っているのである。

例題6.8

例題6.7で$K=1$の場合のナイキスト線図を示せ。またナイキスト線図からゲインKの安定領域を求めよ。

解答

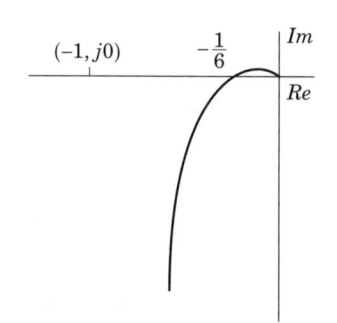

図 6.10　ナイキスト線図

$K=1$のときのナイキスト線図は図6.10に示した通りである。次に，ナイキスト線図と実軸の交点の座標を求める。

一巡伝達関数において$s=j\omega$とおけば，

$$KG(j\omega)H(j\omega) = \frac{K}{j\omega(j\omega+1)(j\omega+2)}$$

$$= \frac{-3K}{(1+\omega^2)(4+\omega^2)} + j\frac{K(\omega^2-2)}{\omega(1+\omega^2)(4+\omega^2)}$$

ここで，実軸との交点においては虚数部がゼロだから，

$$\frac{K(\omega^2-2)}{\omega(1+\omega^2)(4+\omega^2)} = 0$$

従って，実軸との交点では$\omega=\sqrt{2}$である。このとき，交点の実部は$-\frac{K}{6}$である。図6.10は$K=1$の例だから$-\frac{1}{6}$になっている。この実部との交点が-1になるまで制御系は安定だから，$0<K<6$の範囲で安定である。

6.2 安定判別法

(4) ボード線図による方法

制御系の安定判別は一巡伝達関数のボード線図を用いてもできる。ボード線図はナイキスト線図と同じ情報を有しており，制御系設計の際の実用性からいえばボード線図が最もよく用いられているといえるだろう。

一巡伝達関数のボード線図の一例を図6.11に示す。ナイキスト線図での$(-1, j0)$という点はゲインでいえば0dB，位相は-180度を意味している。従って，ボード線図で位相が-180度のときの0dBとゲイン線図との隔たりが，ナイキスト線図における$(-1, j0)$点までの距離に対応しており，これを**ゲイン余裕**と呼ぶ。即ち，ナイキスト線図が$(-1, j0)$点と重なるまでゲインKを何倍にできるか，その値のデシベル表示である。位相が-180度の点でゲインが0dBより大きければ，ナイキスト線図での$(-1, j0)$の外側を意味し，制御系は不安定である。同様に，ゲイン線図と0dBラインとの交点の周波数における位相線図の-180度までの隔たりを**位相余裕**と呼ぶ。ゲインが0dBということはナイキスト線図では半径が1の単位円を意味しており，ナイキスト線図ではベクトル軌跡と単位円との交点を意味している。この点においてもし位相が180度以上遅れていたらその制御系は不安定である。これはナイキスト線図で単位円とベクトル軌跡の交点が$(-1, j0)$点より上側にあることに対応している。

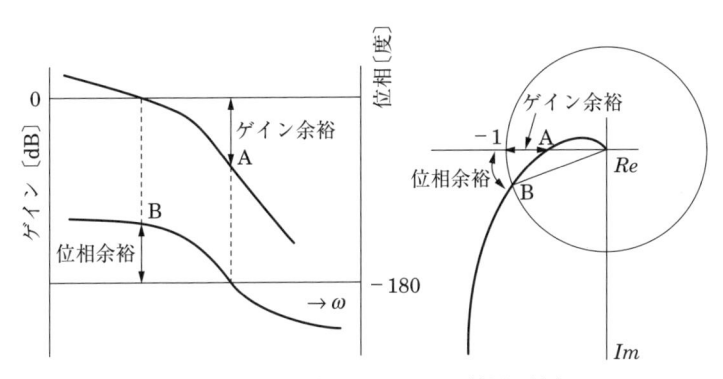

図6.11 ボード線図とナイキスト線図の対応

第6章 制御系の安定性

例題6.9

例題6.7で$K=1$とし，ボード線図を用いて安定限界のKを求めよ。

解答 ナイキスト線図と同様にボード線図も一巡伝達関数について描くことに注意する。$K=1$のとき，一巡伝達関数は$G(s) = \dfrac{1}{s(s+1)(s+2)}$であり，このボード線図は$\dfrac{1}{s}$, $\dfrac{1}{s+1}$, $\dfrac{1}{s+2}$のボード線図を代数的に加え合わせれば良い。ボード線図を図6.12に示す。図6.12からゲイン余裕は15〜16dBであり，$20\log K = 15 \sim 16$から，安定限界でのKは，

$$K = 10^{\frac{15}{20}} \sim 10^{\frac{16}{20}} = 5.6 \sim 6.3$$

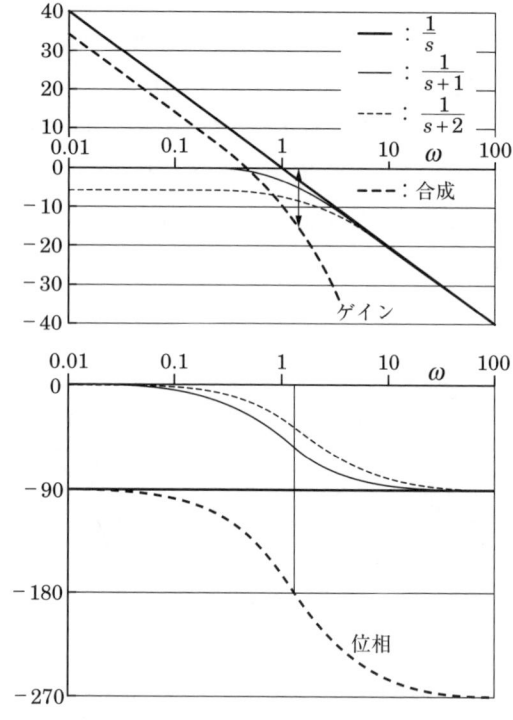

図6.12 図6.8のシステムの一巡伝達関数ボード線図

6.3 根軌跡法

根軌跡法は安定判別法の範疇というより，むしろ古典的制御系設計法の一つであると考えた方がいいだろう．しかし根軌跡が意味することはナイキスト線図やボード線図が意味することと本質的に同じなのである．そこで本書では根軌跡法を制御系の安定性の中で説明することにしよう．

まず根軌跡の定義である．(6.4)式に戻って，制御系の特性方程式，

$$1 + KG(s)H(s) = 0$$

において，ゲイン K を 0 から無限大まで変化させたときの特性根の変化（軌跡）を複素平面上に描いた図を**根軌跡**という．ラウス・フルビッツの安定判別法はゲイン K に対して，特性根を直接求めることなく正の実部を有する特性根が存在しないための必要十分条件を与えているのに対して，根軌跡は全ての K に対して特性根を計算し，その変化の軌跡を表したものである．この軌跡が複素平面上の右半平面に出た時点で制御系は不安定になる．そのときのゲイン K の値が安定限界値である．

従来は一般の特性方程式に対して全ての根を計算することは困難であった．そこで根軌跡を描くための詳細なルールに従って概略の根軌跡を描いてきたが，最近ではパソコンの能力が飛躍的に向上し，例えばMATLABという制御系設計ソフトを使えば根軌跡もたちどころに描いてくれる．従って根軌跡については従来の古典制御理論で教えた詳細なルールは必要ではなく，以下に示す特に重要な基本的な性質についてだけ知っておけば十分であろう．

根軌跡の性質

1 根軌跡は実軸に関して対象である．
2 根軌跡は一巡伝達関数の極に始まりゼロ点または無限遠点で終わる．
3 根軌跡の分岐の数は一巡伝達関数の極の数（特性方程式の次数）に等しく，極の数とゼロ点の数の差が無限遠点に向かう根軌跡の数である．

第6章 制御系の安定性

以下の説明では簡単のために一巡伝達関数は無駄時間要素を含まず，sに関する分母の多項式がn次，分子の多項式がm次とし，$n>m$であると仮定する。

（1） 根軌跡の始点

再び特性方程式の一般形を記せば，(6.4)式より

$$1+KG(s)H(s)=0$$

である。一巡伝達関数をsに関する多項式で表現すれば，

$$KG(s)H(s)=\frac{Kp(s)}{q(s)} \tag{6.22}$$

であり，従って特性方程式は，

$$1+\frac{Kp(s)}{q(s)}=0 \tag{6.23}$$

あるいは，

$$q(s)+Kp(s)=0 \tag{6.24}$$

である。ここで$q(s)$の次数がn，$p(s)$の次数がmであり$n>m$である。

そこで根軌跡の出発点は$K=0$の場合であるが，$K=0$で(6.24)式が成立するには$q(s)=0$，即ち一巡伝達関数の極しかない。従って根軌跡の出発点は一巡伝達関数の極であり，軌跡の数は極の数，即ちn本である。

（2） 根軌跡の終点

(6.23)式から，

$$\frac{p(s)}{q(s)}=-\frac{1}{K} \tag{6.25}$$

であり，$K \to \infty$のときに(6.25)式が成立するのは$p(s)=0$，即ち一巡伝達関数のゼロ点か，または，$q(s)$のほうが$p(s)$より次数が高いので$s \to \infty$でも可能である。従って根軌跡の終点はゼロ点および，無限遠点である。無限遠点に至る根軌跡は一巡伝達関数の分母と分子の次数の差$n-m$本である。

6.3 根軌跡法

これらの他にも，無限遠点に向かう漸近線，実軸上の分岐点，合流点なども計算することができるがここでは省略する．実軸上で根軌跡が分岐する点では特性根が重根から共役な複素根に変わっており，逆に合流点では共役な複素根から重根に変化している．代表的な根軌跡を図6.13に示す．図で×は極を○はゼロ点を意味している．根軌跡の重要な性質の一つは，実軸上の負の極から原点を通って直接，右半平面に抜ける軌跡はないということである．不安定側に抜ける軌跡は常に虚数解を伴っており，そのことは物理的には振動現象が発散して不安定にいたることに対応している．

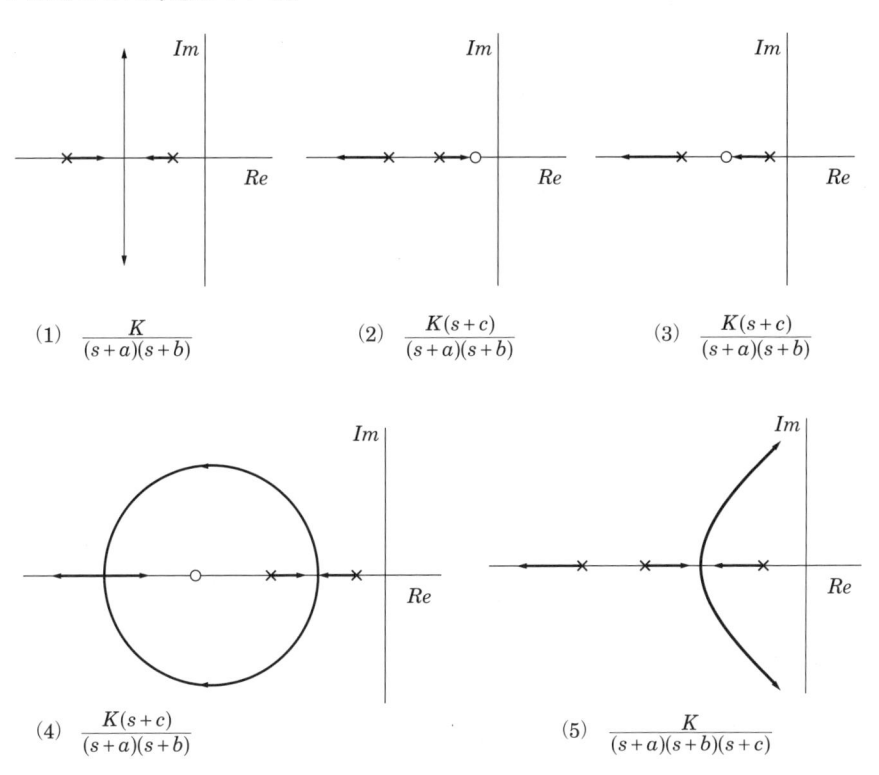

(1) $\dfrac{K}{(s+a)(s+b)}$

(2) $\dfrac{K(s+c)}{(s+a)(s+b)}$

(3) $\dfrac{K(s+c)}{(s+a)(s+b)}$

(4) $\dfrac{K(s+c)}{(s+a)(s+b)}$

(5) $\dfrac{K}{(s+a)(s+b)(s+c)}$

第6章 制御系の安定性

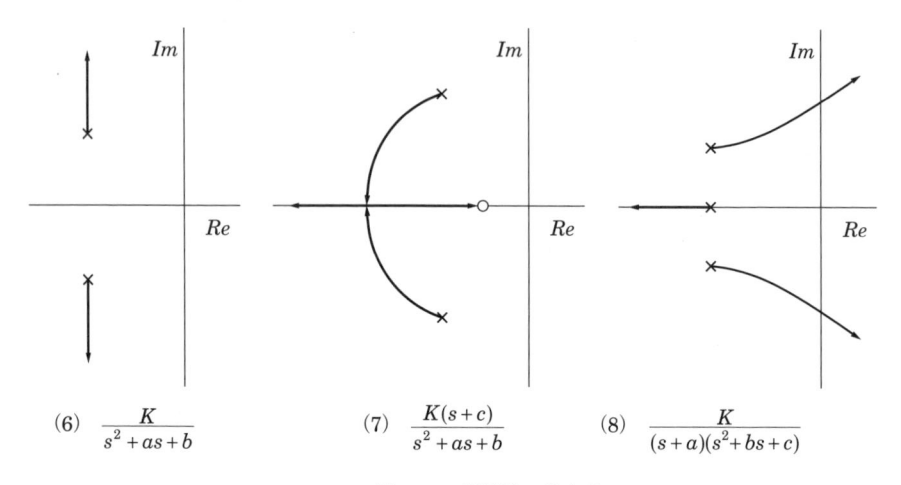

(6) $\dfrac{K}{s^2+as+b}$ 　　(7) $\dfrac{K(s+c)}{s^2+as+b}$ 　　(8) $\dfrac{K}{(s+a)(s^2+bs+c)}$

図 6.13　根軌跡の基本系

例題 6.10

複素平面上の一対の共役な複素根に対応する振動成分の固有角周波数と減衰係数を図から求めよ。

解答　根軌跡で複素根は常に共役である。共役な複素根は2次の特性方程式の根であり，この根は系が振動的成分を含んでいることを意味している。

図 6.14 に示す複素平面上の共役な二つの根を

$$s = -\alpha \pm j\beta \quad (\alpha, \beta > 0) \tag{6.26}$$

とするとき，この根に対応する特性方程式は，

$$s^2 + 2\alpha s + (\alpha^2 + \beta^2) = 0 \tag{6.27}$$

である。ここで固有角周波数が ω_n，減衰係数が ζ の振動系に対応する特性方程式の基本形は，

$$s^2 + 2\zeta\omega_n s + \omega_n^2 = 0 \tag{6.28}$$

だから (6.26) 式の特性根と固有角周波数 ω_n，減衰係数 ζ との関係は，

$$\omega_n = \sqrt{\alpha^2 + \beta^2} \tag{6.29}$$

$$\varsigma = \frac{\alpha}{\omega_n} = \sin\theta \tag{6.30}$$

である。図に示せば図6.14の通りである。

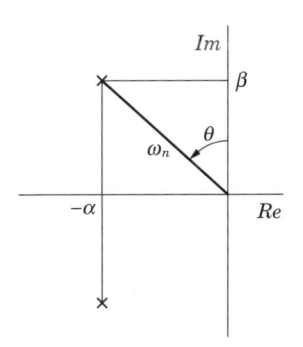

図 6.14 特性根と振動の関係

例題 6.11

例題6.7で，根軌跡を用いて安定限界のKを求めよ。

解答 正確な根軌跡はKをパラメータにして特性方程式

$$s^3 + 3s^2 + 2s + K = 0$$

の解を計算して軌跡を描く必要があるが，概略の図形は図6.13(5)に該当しこの場合は図6.15である。

軌跡が虚軸と交叉する安定限界では特性方程式が一つの実根と一対の純虚根を持つことから，

$$s^3 + 3s^2 + 2s + K = (s+a)(s^2 + b)$$

と因数分解することができる。従って，$a=3$，$b=2$から，

$$K = ab = 6$$

第6章 制御系の安定性

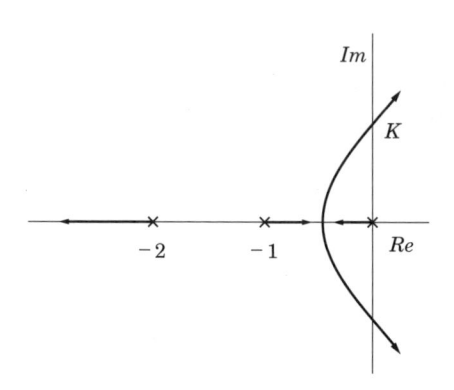

図 6.15 図 6.7 の根軌跡

第6章 練習問題

1 図で K についての安定条件を求めよ。

(1)
$$G(s) = \frac{K_a}{s(T_a s + 1)}, \ T_a > 0, \ K_a > 0$$

(2)
$$G(s) = \frac{1}{s(0.1s + 1)(0.5s + 1)}$$

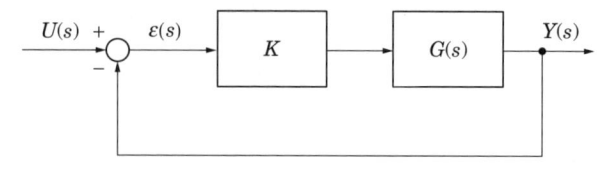

図 6.16 フィードバック制御系(1)

2 $T_m = 0.8$, $T_f = 0.2$, $K_a = 0.06$ のときの K に関する安定条件を求めよ。

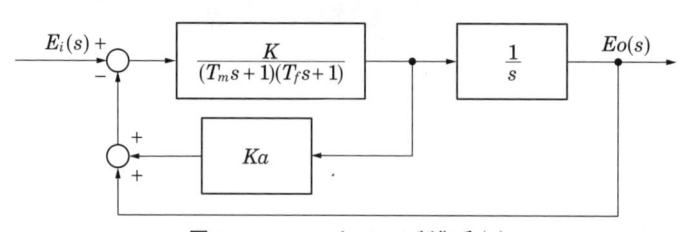

図 6.17 フィードバック制御系(2)

3 $L=0.1$, $T=1$としてKに関する安定条件をボード線図を用いて求めよ。

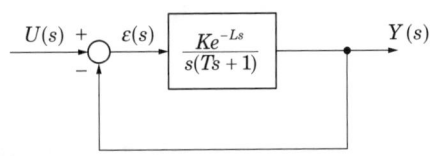

図 6.18 無駄時間を含むフィードバック制御系

4 問題1の制御系において $G(s) = \dfrac{1}{(s+1)(s+2)(s+3)}$ のとき,根軌跡の考え方で安定限界のKの値を求めよ。

5 $K=1$, 3, 7の場合について例題6.7の時間応答波形をExcelで描き安定限界の挙動の意味を考えよ。

第7章

制御系の状態空間表現

　第6章までの内容は全て古典制御理論と呼ばれる範疇の話であり，その基本は複素関数論やラプラス変換をベースにしたs領域での理論である．ところが1960年代以降急速に発展してきた現代制御理論では制御対象を実時間領域のままで取り扱っており，数学的な背景も古典制御理論の複素関数論から線形代数学に移行している．ここでは古典制御理論と逐次対比しながら，現代制御理論の考え方の基本について学習する．

7.1 線形系の状態空間表現

　古典制御理論も現代制御理論も，考察の対象にしているシステムは基本的に線形システムである．即ち系の挙動が線形微分方程式で表現できるシステムである．

　微分方程式は常微分方程式と偏微分方程式に大別される．独立変数が一つの場合（ここではt）が常微分方程式，独立変数が複数の場合が偏微分方程式である．常微分方程式は線形微分方程式と非線形微分方程式に分かれ，その線形微分方程式に線形定数系と線形時変数系がある．例えば，線形二次系で考えれば，

$$\ddot{y}(t) + a\dot{y}(t) + by(t) = u(t) \quad a,b : \text{const} \tag{7.1}$$

$$\ddot{y}(t) + a(t)\dot{y}(t) + b(t)y(t) = u(t) \tag{7.2}$$

7.1 線形系の状態空間表現

の二つの形があり，(7.1)式の場合が線形定数系，(7.2)式が線形時変数系と呼ばれる。古典制御理論の基本であるラプラス変換は(7.1)式の形，即ち，線形定数系を対象にしており，$y(t)$に関する初期値$y(0), \dot{y}(0)$を0にした場合の(7.1)式のラプラス変換

$$s^2 Y(s) + asY(s) + bY(s) = U(s) \tag{7.3}$$

を用いて，

$$G(s) = \frac{Y(s)}{U(s)} = \frac{1}{s^2 + as + b} \tag{7.4}$$

と表現したものをシステムの伝達関数と呼んでいる。ここで$Y(s), U(s)$はそれぞれ$y(t), u(t)$のラプラス変換を意味している。(7.1)式，(7.2)式で$u(t)$は，機械力学では強制項とか外力と呼ばれているが古典制御理論では入力である。

(7.4)式から，入力$U(s)$に対する出力$Y(s)$は，

$$Y(s) = G(s)U(s) = \frac{1}{s^2 + as + b}U(s) \tag{7.5}$$

であり，例えば入力$u(t)$が単位ステップ入力の場合の出力$y(t)$は，

$$y(t) = \mathcal{L}^{-1}\left[\frac{1}{s^2 + as + b} \cdot \frac{1}{s}\right] \tag{7.6}$$

で求めることができる。しかし古典制御理論では入力に対する解を直接求めることは少ない。(7.6)式の$\mathcal{L}^{-1}$はラプラス逆変換を意味しているが，制御系設計の現場で実際にラプラス逆変換を用いて解を求めることはあまりない。古典制御理論の内容の殆どは(7.4)式の伝達関数のままでの議論である。もし古典制御理論が線形微分方程式の解を求めることだけに興味があるのなら，ラプラスの演算子sは常微分方程式論での演算子Dと変わるところはないのである。

古典制御理論と現代制御理論の違いは，対象とするシステムの表現方法にある。古典制御理論がシステムの入力と出力の関係のみに注目したのに対して現代制御理論ではシステムの内部にも着目しているのである。例えば(7.1)式について考えれば，$y(t)$の他に$\dot{y}(t)$という変数も考え，

$$x_1(t) = y(t) \quad , \quad x_2(t) = \dot{y}(t) \tag{7.7}$$

と置いて，

$$\dot{x}_1(t) = \dot{y}(t) = x_2(t) \quad , \quad \dot{x}_2(t) = \ddot{y}(t) = -ax_2(t) - bx_1(t) + u(t)$$

から

$$\begin{bmatrix} \dot{x}_1(t) \\ \dot{x}_2(t) \end{bmatrix} = \begin{bmatrix} 0 & 1 \\ -b & -a \end{bmatrix} \begin{bmatrix} x_1(t) \\ x_2(t) \end{bmatrix} + \begin{bmatrix} 0 \\ 1 \end{bmatrix} u(t) \tag{7.8}$$

のように表現するのである．(7.8)式で，

$$\mathbf{x}(t) = \begin{bmatrix} x_1(t) \\ x_2(t) \end{bmatrix} \quad , \quad \mathbf{A} = \begin{bmatrix} 0 & 1 \\ -b & -a \end{bmatrix} \quad , \quad \mathbf{B} = \begin{bmatrix} 0 \\ 1 \end{bmatrix} \tag{7.9}$$

と置けば，(7.8)式は，

$$\dot{\mathbf{x}}(t) = \mathbf{A}\mathbf{x}(t) + \mathbf{B}u(t) \tag{7.10}$$

と表現できる．ここで$\mathbf{x}(t)$は**状態ベクトル**，(7.10)式は**状態方程式**と呼ばれている．初期値は$\mathbf{x}(0) = \mathbf{x}_0$であり，このシステムの出力は$y(t)$だから，

$$y(t) = \mathbf{C}\mathbf{x}(t) \quad , \quad \mathbf{C} = [1 \ 0] \tag{7.11}$$

と表現することができる．(7.11)式を**出力方程式**と呼ぶ．即ち，現代制御理論でのシステムの表現は，

$$\dot{\mathbf{x}}(t) = \mathbf{A}\mathbf{x}(t) + \mathbf{B}u(t) \quad , \quad y(t) = \mathbf{C}\mathbf{x}(t) \tag{7.12}$$

である．(7.12)式をまとめて**システム方程式**と呼ぶ．**A**は**システム行列**，**B**は**入力行列**，**C**は**出力行列**と呼ばれる．(7.4)式の伝達関数に代わって(7.12)式でシステムを表現するのが現代制御理論なのである．尚，(7.12)式の出力方程式については，

$$y(t) = \mathbf{C}\mathbf{x}(t) + \mathbf{D}u(t) \tag{7.13}$$

と表現する方がより一般的である．これは古典制御理論で考えれば伝達関数の分子の次数が分母の次数に等しい場合に相当しており，古典制御理論では一般に分子の次数が分母の次数より低い場合を取り扱っているため**D**=0の場合が多い．

7.1 線形系の状態空間表現

(7.12)式の関係を古典制御理論に倣ってブロック線図で表現すれば図7.1である。図7.1で→はスカラーの信号の流れを意味し，⇒はベクトルの信号の流れを意味している。古典制御理論が取り扱っているのは基本的に1入力1出力系であるが，現代制御理論は容易に多入力多出力系に拡張できて，(7.12)式で入力$u(t)$も出力$y(t)$もベクトルであって問題ない。ただここでは古典制御理論との対応からスカラー，即ち，1入力1出力系のみについて考える。

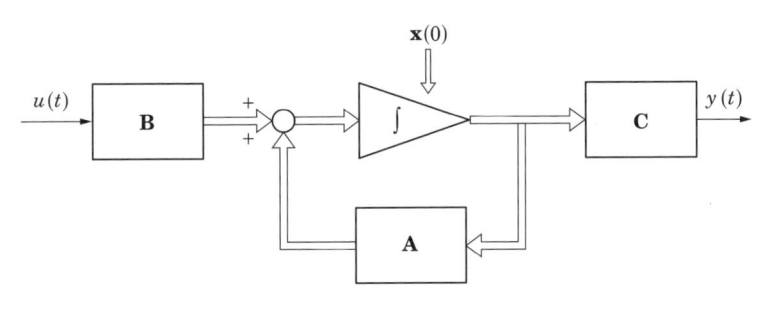

図7.1 状態変数線図

例題7.1

$\ddot{y}(t) + 3\dot{y}(t) + 2y(t) = u(t)$ で表現されるシステムの伝達関数及びシステム方程式を求めよ。ただし $y(0) = \dot{y}(0) = 0$ とする。

解答　$x_1(t) = y(t)$ ， $x_2(t) = \dot{y}(t)$

と置けば，

$$\dot{x}_1(t) = \dot{y}(t) = x_2(t) \quad , \quad \dot{x}_2(t) = \ddot{y}(t) = -3x_2(t) - 2x_1(t) + u(t)$$

だから

$$\begin{bmatrix} \dot{x}_1(t) \\ \dot{x}_2(t) \end{bmatrix} = \begin{bmatrix} 0 & 1 \\ -2 & -3 \end{bmatrix} \begin{bmatrix} x_1(t) \\ x_2(t) \end{bmatrix} + \begin{bmatrix} 0 \\ 1 \end{bmatrix} u(t)$$

である。従ってシステム方程式は，

$$\dot{\mathbf{x}}(t) = \mathbf{A}\mathbf{x}(t) + \mathbf{B}u(t)$$
$$y(t) = \mathbf{C}\mathbf{x}(t)$$

$$\mathbf{x}(t) = \begin{bmatrix} x_1(t) \\ x_2(t) \end{bmatrix} \quad, \quad \mathbf{A} = \begin{bmatrix} 0 & 1 \\ -2 & -3 \end{bmatrix} \quad, \quad \mathbf{B} = \begin{bmatrix} 0 \\ 1 \end{bmatrix} \quad, \quad \mathbf{C} = \begin{bmatrix} 1 & 0 \end{bmatrix}$$

である。またこのときの伝達関数は，

$$G(s) = \frac{Y(s)}{U(s)} = \frac{1}{s^2 + 3s + 2}$$

7.2 状態方程式と伝達関数

　現代制御理論の特徴はラプラス変換を用いないでシステムを時間領域で直接表現しているところにある。この (7.12) 式の表現は (7.2) 式の線形時変数系に対しても容易に拡張可能で，現代制御理論では線形定数系と線形時変数系を区別なく取り扱うことができるが，ここでは古典制御理論との対応から線形定数系のみを扱うことにする。

　ここで，古典制御理論でいう伝達関数と現代制御理論のシステム方程式との関係を考えてみよう。$\mathbf{x}(t)$ の初期値をゼロとして (7.12) 式をラプラス変換すれば，

$$(s\mathbf{I} - \mathbf{A})\mathbf{X}(s) = \mathbf{B}U(s) \quad , \quad Y(s) = \mathbf{C}\mathbf{X}(s) \tag{7.14}$$

である。ここで $\mathbf{I}$ は単位行列である。従って，

$$\mathbf{X}(s) = (s\mathbf{I} - \mathbf{A})^{-1}\mathbf{B}U(s) \quad , \quad Y(s) = \mathbf{C}(s\mathbf{I} - \mathbf{A})^{-1}\mathbf{B}U(s) \tag{7.15}$$

であり，古典制御理論での伝達関数 $\mathbf{G}(s)$ は，

$$\mathbf{G}(s) = \frac{Y(s)}{U(s)} = \mathbf{C}(s\mathbf{I} - \mathbf{A})^{-1}\mathbf{B} \tag{7.16}$$

である。$(s\mathbf{I} - \mathbf{A})^{-1}$ は行列 $(s\mathbf{I} - \mathbf{A})$ の逆行列であり，

$$(s\mathbf{I} - \mathbf{A})^{-1} = \frac{adj(s\mathbf{I} - \mathbf{A})}{|s\mathbf{I} - \mathbf{A}|} \tag{7.17}$$

で定義される。ここで $adj(s\mathbf{I} - \mathbf{A})$ は行列 $(s\mathbf{I} - \mathbf{A})$ の余因子行列[*1]である。従って (7.16) 式に戻れば，

$$\mathbf{G}(s) = \frac{\mathbf{C}\,adj(s\mathbf{I} - \mathbf{A})\mathbf{B}}{|s\mathbf{I} - \mathbf{A}|} \tag{7.18}$$

7.2 状態方程式と伝達関数

である。(7.16)式が古典制御理論における伝達関数と現代制御理論におけるシステム方程式との関係を表している。(7.18)式で

$$|s\mathbf{I} - \mathbf{A}| = 0 \tag{7.19}$$

が古典制御理論における特性方程式に相当しており，(7.19)式を満足する複素数 s が伝達関数の分母をゼロにする極である。即ち，古典制御理論における特性根は現代制御理論ではシステム行列 $\mathbf{A}$ の固有値である[*2]。

例題7.2

次の行列 $\mathbf{A}$ の逆行列を求めよ。

$$\mathbf{A} = \begin{bmatrix} 0 & 1 \\ -2 & -3 \end{bmatrix}$$

解答 $\mathbf{A}^{-1} = \dfrac{adj(\mathbf{A})}{|\mathbf{A}|}$ である。

$|\mathbf{A}| = 2$

$A_{11} = (-1)^{1+1}(-3) = -3$ ， $A_{12} = (-1)^{1+2}(-2) = 2$

$A_{21} = (-1)^{2+1}(1) = -1$ ， $A_{22} = (-1)^{2+2}(0) = 0$

従って， $\mathbf{A}^{-1} = \dfrac{1}{2}\begin{bmatrix} A_{11} & A_{21} \\ A_{12} & A_{22} \end{bmatrix} = \dfrac{1}{2}\begin{bmatrix} -3 & -1 \\ 2 & 0 \end{bmatrix}$

[*1]：一般に行列 $\mathbf{A} = [a_{ij}]$ の余因子行列 $adj(\mathbf{A})$ は， a_{ij} の余因子 $\mathbf{A}_{ij}$ を (j, i) 要素とする行列で $\mathbf{A}_{ij}$ は，

$$\mathbf{A}_{ij} = (-1)^{i+j} \overline{\mathbf{A}} \binom{i}{j} \tag{7.20}$$

で与えられる。ここで $\overline{\mathbf{A}}\binom{i}{j}$ は n 次行列 $\mathbf{A}$ の i 行 j 列を取り除いた $(n-1)$ 次の小行列式である。

[*2]：行列 $\mathbf{A}$ について， $|\lambda\mathbf{I} - \mathbf{A}| = 0$ を満足する λ を行列 $\mathbf{A}$ の固有値という。

例題7.3

次の行列 $\mathbf{A}$ の逆行列を求めよ。

$$\mathbf{A} = \begin{bmatrix} 2 & -2 & 3 \\ 1 & 1 & 1 \\ 1 & 3 & -1 \end{bmatrix}$$

解答　$|\mathbf{A}| = -6$

$$A_{11} = (-1)^{1+1} \begin{vmatrix} 1 & 1 \\ 3 & -1 \end{vmatrix} = -4 \quad A_{12} = (-1)^{1+2} \begin{vmatrix} 1 & 1 \\ 1 & -1 \end{vmatrix} = 2$$

$$A_{13} = (-1)^{1+3} \begin{vmatrix} 1 & 1 \\ 1 & 3 \end{vmatrix} = 2$$

同様に,

$A_{21} = 7$, $A_{22} = -5$, $A_{23} = -8$, $A_{31} = -5$, $A_{32} = 1$, $A_{33} = 4$

従って

$$\mathbf{A}^{-1} = -\frac{1}{6} \begin{bmatrix} A_{11} & A_{21} & A_{31} \\ A_{12} & A_{22} & A_{32} \\ A_{13} & A_{23} & A_{33} \end{bmatrix} = -\frac{1}{6} \begin{bmatrix} -4 & 7 & -5 \\ 2 & -5 & 1 \\ 2 & -8 & 4 \end{bmatrix}$$

例題7.4

例題7.1について(7.16)式を確認せよ。

解答

$$\mathbf{A} = \begin{bmatrix} 0 & 1 \\ -2 & -3 \end{bmatrix}, \quad \mathbf{B} = \begin{bmatrix} 0 \\ 1 \end{bmatrix}, \quad \mathbf{C} = [1 \ 0]$$

だから,

$$(s\mathbf{I} - \mathbf{A}) = \begin{bmatrix} s & -1 \\ 2 & s+3 \end{bmatrix}, \quad (s\mathbf{I} - \mathbf{A})^{-1} = \frac{1}{s^2 + 3s + 2} \begin{bmatrix} s+3 & 1 \\ -2 & s \end{bmatrix}$$

$$\mathbf{G}(s) = \mathbf{C}(s\mathbf{I} - \mathbf{A})^{-1} \mathbf{B} = \frac{1}{s^2 + 3s + 2} [1 \ 0] \begin{bmatrix} s+3 & 1 \\ -2 & s \end{bmatrix} \begin{bmatrix} 0 \\ 1 \end{bmatrix} = \frac{1}{s^2 + 3s + 2}$$

であり，これは例題7.1の $\mathbf{G}(s)$ に等しい。

7.2 状態方程式と伝達関数

次に古典制御理論で与えられた伝達関数 $G(s)$ を状態方程式に変換する例を二つ示そう。

例題 7.5

$G(s) = \dfrac{b_0}{s^2 + a_1 s + a_0}$ で表されるシステムのシステム方程式を求めよ。

解答 $\dfrac{X(s)}{U(s)} = \dfrac{b_0}{s^2 + a_1 s + a_0}$ として微分方程式に戻せば，

$$\ddot{x}(t) + a_1 \dot{x}(t) + a_0 x(t) = b_0 u(t)$$

である。ここで状態変数を，

$$x_1(t) = x(t) \quad , \quad x_2(t) = \dot{x}(t)$$

とおけば，

$$\dot{x}_1(t) = x_2(t) \quad , \quad \dot{x}_2(t) = -a_1 x_2(t) - a_0 x_1(t) + b_0 u(t)$$

である。従って，

$$\begin{bmatrix} \dot{x}_1(t) \\ \dot{x}_2(t) \end{bmatrix} = \begin{bmatrix} 0 & 1 \\ -a_0 & -a_1 \end{bmatrix} \begin{bmatrix} x_1(t) \\ x_2(t) \end{bmatrix} + \begin{bmatrix} 0 \\ b_0 \end{bmatrix} u(t)$$

であり，

$$\dot{\mathbf{x}}(t) = \mathbf{A}\mathbf{x}(t) + \mathbf{B}u(t) \quad , \quad y(t) = \mathbf{C}\mathbf{x}(t)$$

$$\mathbf{A} = \begin{bmatrix} 0 & 1 \\ -a_0 & -a_1 \end{bmatrix} \quad , \quad \mathbf{b} = \begin{bmatrix} 0 \\ b_0 \end{bmatrix}$$

である。出力は $y(t) = x(t) = x_1(t)$ だから，$\mathbf{C} = [1 \ 0]$ である。

例題 7.6

$G(s) = \dfrac{b_1 s + b_0}{s^2 + a_1 s + a_0}$ で表されるシステムのシステム方程式を求めよ。

解答 分子が s の多項式になっている伝達関数は、分母が同一の基本システムに対して出力行列 $\mathbf{C}$ を調整することで表現できる。そこでまず
$$G'(s) = \frac{1}{s^2 + a_1 s + a_0}$$
のシステムについて例題7.5と同様に考えれば、

$$\mathbf{A} = \begin{bmatrix} 0 & 1 \\ -a_0 & -a_1 \end{bmatrix} , \quad \mathbf{B} = \begin{bmatrix} 0 \\ 1 \end{bmatrix}$$

である。ここで $G'(s)$ のシステムに対して出力行列を $\mathbf{C} = [c_0 \ c_1]$ と置けば、そのシステムの伝達関数は $\mathbf{G}(s) = \mathbf{C}(s\mathbf{I}-\mathbf{A})^{-1}\mathbf{B}$ から、

$$\mathbf{G}(s) = \frac{[c_0 \ c_1] \begin{bmatrix} s+a_1 & 1 \\ -a_0 & s \end{bmatrix} \begin{bmatrix} 0 \\ 1 \end{bmatrix}}{s^2 + a_1 s + a_0} = \frac{c_1 s + c_0}{s^2 + a_1 s + a_0}$$

である。従って基本システムに対して出力行列を $\mathbf{C} = [b_0 \ b_1]$ としたシステムが与えられたシステムである。逆にここで求められた行列 $\mathbf{A}, \mathbf{B}, \mathbf{C}$ を用いて伝達関数に変換すれば、

$$\mathbf{G}(s) = \mathbf{C}(s\mathbf{I}-\mathbf{A})^{-1}\mathbf{B} = \frac{b_1 s + b_0}{s^2 + a_1 s + a_0}$$

7.3 状態方程式の解

次に、状態方程式 (7.21) 式の解を求める問題を考える。

$$\dot{\mathbf{x}}(t) = \mathbf{A}\mathbf{x}(t) + \mathbf{B}u(t) \quad , \quad \mathbf{x}(0) = \mathbf{x}_0 \tag{7.21}$$

解法としてラプラス逆変換を用いる方法と、直接微分方程式の解を求める方法がある。ベクトル型の微分方程式の解を直接求める方法は正攻法であるが計算はやや煩雑になる。

(1) ラプラス逆変換による方法

(7.21)式をラプラス変換すれば、

$$s\mathbf{X}(s) - \mathbf{x}(0) = \mathbf{A}\mathbf{X}(s) + \mathbf{B}U(s) \quad , \quad \mathbf{x}(0) = \mathbf{x}_0 \tag{7.22}$$

7.3 状態方程式の解

である。従って，

$$\mathbf{X}(s) = (s\mathbf{I} - \mathbf{A})^{-1}\mathbf{x}(0) + (s\mathbf{I} - \mathbf{A})^{-1}\mathbf{B}U(s) \tag{7.23}$$

である。従って，

$$x(t) = \mathcal{L}^{-1}[\mathbf{X}(s)] \tag{7.24}$$

で解を求めることができる。

例題 7.7

線形系 $\dot{\mathbf{x}}(t) = \mathbf{A}\mathbf{x}(t) + \mathbf{B}u(t)$, $y(t) = \mathbf{C}\mathbf{x}(t)$

$$\mathbf{A} = \begin{bmatrix} -1 & 0 \\ 1 & -2 \end{bmatrix} \;,\; \mathbf{B} = \begin{bmatrix} 1 \\ 0 \end{bmatrix} \;,\; \mathbf{C} = [0 \;\; 1] \;,\; \mathbf{x}(0) = \begin{bmatrix} -1 \\ 1 \end{bmatrix}$$

の単位ステップ応答を求めよ。

解答

$$(s\mathbf{I} - \mathbf{A})^{-1} = \begin{bmatrix} s+1 & 0 \\ -1 & s+2 \end{bmatrix}^{-1} = \frac{1}{(s+1)(s+2)} \begin{bmatrix} s+2 & 0 \\ 1 & s+1 \end{bmatrix}$$

$$= \begin{bmatrix} \dfrac{1}{s+1} & 0 \\ \dfrac{1}{(s+1)(s+2)} & \dfrac{1}{s+2} \end{bmatrix}$$

従って，

$$\mathbf{X}(s) = (s\mathbf{I} - \mathbf{A})^{-1}\mathbf{x}(0) + (s\mathbf{I} - \mathbf{A})^{-1}\mathbf{B}U(s)$$

$$= \begin{bmatrix} \dfrac{1}{s+1} & 0 \\ \dfrac{1}{(s+1)(s+2)} & \dfrac{1}{s+2} \end{bmatrix} \begin{bmatrix} -1 \\ 1 \end{bmatrix} + \begin{bmatrix} \dfrac{1}{s+1} & 0 \\ \dfrac{1}{(s+1)(s+2)} & \dfrac{1}{s+2} \end{bmatrix} \begin{bmatrix} 1 \\ 0 \end{bmatrix} \dfrac{1}{s}$$

$$= \begin{bmatrix} \dfrac{1}{s(s+1)} - \dfrac{1}{s+1} \\ \dfrac{1}{s(s+1)(s+2)} - \dfrac{1}{(s+1)(s+2)} + \dfrac{1}{s+2} \end{bmatrix}$$

$$= \begin{bmatrix} \dfrac{1}{s} - \dfrac{2}{s+1} \\ \dfrac{1}{2} \cdot \dfrac{1}{s} - \dfrac{2}{s+1} + \dfrac{5}{2} \cdot \dfrac{1}{(s+2)} \end{bmatrix}$$

である。従って，

$$\mathbf{x}(t) = \mathcal{L}^{-1}[\mathbf{X}(s)] = \begin{bmatrix} 1 - 2e^{-t} \\ \dfrac{1}{2} - 2e^{-t} + \dfrac{5}{2}e^{-2t} \end{bmatrix}$$

であり，

$$y(t) = \mathbf{C}\mathbf{x}(t) = 0.5 - 2e^{-t} + 2.5e^{-2t}$$

（2）微分方程式の解を求める方法

再び(7.21)式において，この微分方程式の解は初期値に対する応答（同次方程式の解）と入力に対する応答（特解）を個別に求めて重ね合わせればよい。そこでまず同次方程式の解である。

$$\dot{\mathbf{x}}(t) = \mathbf{A}\mathbf{x}(t) \quad , \quad \mathbf{x}(0) = \mathbf{x}_0 \tag{7.25}$$

ここで，システムが1次系の場合，即ち状態ベクトル$x(t)$が1変数（スカラー）の場合には(7.25)式はスカラー微分方程式になって，

$$\dot{x}(t) = ax(t) \quad , \quad x(0) = x_0 \tag{7.26}$$

であり，(7.26)式の解は，

$$x(t) = e^{at} x_0 \tag{7.27}$$

で与えられる。そこで(7.27)式の形から，(7.25)式の解は

$$\mathbf{x}(t) = e^{\mathbf{A}t} \mathbf{x}(0) \tag{7.28}$$

となることが予想される。ここで$e^{\mathbf{A}t}$は**状態遷移行列**(state transition matrix)と呼ばれ，指数関数のテーラー展開を用いて，

$$e^{\mathbf{A}t} = \mathbf{I} + \mathbf{A}t + \frac{1}{2!}\mathbf{A}^2 t^2 + \cdots + \frac{1}{k!}\mathbf{A}^k t^k + \cdots = \sum_{k=0}^{\infty} \frac{1}{k!}\mathbf{A}^k t^k \tag{7.29}$$

で与えられる。システム行列$\mathbf{A}$が$(n \times n)$行列のとき，$e^{\mathbf{A}t}$も$(n \times n)$行列であり，次の性質を持っている。

7.3 状態方程式の解

① $\dfrac{d}{dt}e^{\mathbf{A}t} = \mathbf{A}e^{\mathbf{A}t} = e^{\mathbf{A}t}\mathbf{A}$ (7.30)

(7.29)式を項別微分すると，

$$\dfrac{d}{dt}e^{\mathbf{A}t} = \mathbf{A} + \mathbf{A}^2 t + \dfrac{1}{2!}\mathbf{A}^3 t^2 + \cdots = \mathbf{A}\left(\mathbf{I} + \mathbf{A}t + \dfrac{1}{2!}\mathbf{A}^2 t^2 + \cdots\right) = \mathbf{A}e^{\mathbf{A}t}$$

$$= \left(\mathbf{I} + \mathbf{A}t + \dfrac{1}{2!}\mathbf{A}^2 t^2 + \cdots\right)\mathbf{A} = e^{\mathbf{A}t}\mathbf{A}$$

② $e^0 = \mathbf{I}$　　(7.29)式で $t=0$ (7.31)

③ $e^{\mathbf{A}t}e^{\mathbf{A}\tau} = e^{\mathbf{A}(t+\tau)}$ (7.32)

(7.29)式から，

$$e^{\mathbf{A}t}e^{\mathbf{A}\tau} = \left(\mathbf{I} + \mathbf{A}t + \dfrac{1}{2!}\mathbf{A}^2 t^2 + \cdots + \dfrac{1}{k!}\mathbf{A}^k t^k + \cdots\right)\left(\mathbf{I} + \mathbf{A}\tau + \dfrac{1}{2!}\mathbf{A}^2 \tau^2 + \cdots + \dfrac{1}{k!}\mathbf{A}^k \tau^k + \cdots\right)$$

$$= e^{\mathbf{A}(t+\tau)}$$

④ $\left[e^{\mathbf{A}t}\right]^{-1} = e^{-\mathbf{A}t}$ (7.33)

(7.32)式で $\tau = -t$ とおくことにより，

$$e^{\mathbf{A}t}e^{-\mathbf{A}t} = e^0 = I$$

$$e^{-\mathbf{A}t} = \left[e^{\mathbf{A}t}\right]^{-1}$$

状態遷移行列に関する以上の性質を前提にして(7.28)式を(7.25)式に代入して(7.30)式を用いれば，

$$\dfrac{d}{dt}\mathbf{x}(t) = \dfrac{d}{dt}\left(e^{\mathbf{A}t}\mathbf{x}(0)\right) = \mathbf{A}e^{\mathbf{A}t}\mathbf{x}(0) = \mathbf{A}\mathbf{x}(t) \tag{7.34}$$

だから，(7.28)式は(7.25)式の解になっていることが証明された。即ち，同時方程式(7.25)式の解は(7.28)式で与えられるのである。

ここでラプラス逆変換を用いて(7.28)式の状態遷移行列 $e^{\mathbf{A}t}$ を具体的に計算することを考える。再び(7.21)式に戻って，ラプラス変換すれば，

$$\mathbf{X}(s) = (s\mathbf{I} - \mathbf{A})^{-1}\mathbf{x}(0) + (s\mathbf{I} - \mathbf{A})^{-1}\mathbf{B}U(s) \tag{7.35}$$

第7章 制御系の状態空間表現

である。ここで(7.35)式の第1項が同次方程式の解を与えているから，(7.28)式との比較により，

$$e^{\mathbf{A}t} = \mathcal{L}^{-1}\left[(s\mathbf{I}-\mathbf{A})^{-1}\right] \tag{7.36}$$

の関係があることがわかる。

次に入力に対する応答（特解）を定数変化法を用いて求める。再び(7.21)式の状態方程式を書けば，

$$\dot{\mathbf{x}}(t) = \mathbf{A}\mathbf{x}(t) + \mathbf{B}u(t) \quad , \quad \mathbf{x}(0) = \mathbf{x}_0$$

である。(7.21)式の解を，

$$\mathbf{x}(t) = e^{\mathbf{A}t}\left[\mathbf{x}(0) + \mathbf{z}(t)\right] \quad , \quad \mathbf{z}(0) = 0 \tag{7.37}$$

と仮定して(7.21)式に代入すると，

$$\mathbf{A}e^{\mathbf{A}t}\left[\mathbf{x}(0)+\mathbf{z}(t)\right] + e^{\mathbf{A}t}\dot{\mathbf{z}}(t) = \mathbf{A}e^{\mathbf{A}t}\left[\mathbf{x}(0)+\mathbf{z}(t)\right] + \mathbf{B}u(t) \tag{7.38}$$

であり，両辺を比較することにより，

$$e^{\mathbf{A}t}\dot{\mathbf{z}}(t) = \mathbf{B}u(t) \tag{7.39}$$

を得る。従って，

$$\dot{\mathbf{z}}(t) = e^{-\mathbf{A}t}\mathbf{B}u(t) \tag{7.40}$$

であり，$\mathbf{z}(0)=0$ を考慮して(7.40)式を積分すると，

$$\mathbf{z}(t) = \int_0^t e^{-\mathbf{A}\tau}\mathbf{B}u(\tau)d\tau \tag{7.41}$$

を得る。(7.41)式が(7.21)式の特解の一つである。従って(7.41)式を(7.37)式に代入することにより(7.21)式の解として，

$$\begin{aligned}\mathbf{x}(t) &= e^{\mathbf{A}t}\left[\mathbf{x}(0) + \int_0^t e^{-\mathbf{A}\tau}\mathbf{B}u(\tau)d\tau\right] \\ &= e^{\mathbf{A}t}\mathbf{x}(0) + \int_0^t e^{\mathbf{A}(t-\tau)}\mathbf{B}u(\tau)d\tau\end{aligned} \tag{7.42}$$

が得られる。このとき，出力は，

7.3 状態方程式の解

$$y(t) = \mathbf{C}e^{\mathbf{A}t}\mathbf{x}(0) + \int_0^t \mathbf{C}e^{\mathbf{A}(t-\tau)}\mathbf{B}u(\tau)d\tau \tag{7.43}$$

で与えられる。

例題7.8

$\mathbf{A} = \begin{bmatrix} 0 & 1 \\ 0 & 0 \end{bmatrix}$ のときの状態遷移行列 $e^{\mathbf{A}t}$ を求めよ。

解答 $\mathbf{A}^2 = \begin{bmatrix} 0 & 1 \\ 0 & 0 \end{bmatrix}\begin{bmatrix} 0 & 1 \\ 0 & 0 \end{bmatrix} = \begin{bmatrix} 0 & 0 \\ 0 & 0 \end{bmatrix}$ である。従って(7.29)式は,

$$e^{\mathbf{A}t} = \mathbf{I} + \mathbf{A}t = \begin{bmatrix} 1 & t \\ 0 & 1 \end{bmatrix}$$

例題7.9

$\mathbf{A} = \begin{bmatrix} 0 & 1 \\ -2 & -3 \end{bmatrix}$ のときの状態遷移行列 $e^{\mathbf{A}t}$ を求めよ。

解答
$$(s\mathbf{I} - \mathbf{A})^{-1} = \begin{bmatrix} s & -1 \\ 2 & s+3 \end{bmatrix}^{-1} = \frac{1}{s^2 + 3s + 2}\begin{bmatrix} s+3 & 1 \\ -2 & s \end{bmatrix}$$

$$= \begin{bmatrix} \dfrac{2}{s+1} - \dfrac{1}{s+2} & \dfrac{1}{s+1} - \dfrac{1}{s+2} \\ -\dfrac{2}{s+1} + \dfrac{2}{s+2} & -\dfrac{1}{s+1} + \dfrac{2}{s+2} \end{bmatrix}$$

である。従って,

$$e^{\mathbf{A}t} = \mathcal{L}^{-1}[(s\mathbf{I} - \mathbf{A})^{-1}] = \begin{bmatrix} 2e^{-t} - e^{-2t} & e^{-t} - e^{-2t} \\ -2e^{-t} + 2e^{-2t} & -e^{-t} + 2e^{-2t} \end{bmatrix}$$

例題7.10

線形系 $\dot{\mathbf{x}}(t) = \mathbf{A}\mathbf{x}(t) + \mathbf{B}u(t)$, $y = \mathbf{C}\mathbf{x}(t)$

$$\mathbf{A} = \begin{bmatrix} -1 & 0 \\ 1 & -2 \end{bmatrix} \; , \quad \mathbf{B} = \begin{bmatrix} 1 \\ 0 \end{bmatrix} \; , \quad \mathbf{C} = [0 \;\; 1] \; , \quad \mathbf{x}(0) = \begin{bmatrix} -1 \\ 1 \end{bmatrix}$$

の単位ステップ応答を求めよ。

第7章 制御系の状態空間表現

解答 まず状態遷移行列を求める。(7.36)式から,

$$e^{\mathbf{A}t} = \mathcal{L}^{-1}\left[(s\mathbf{I}-\mathbf{A})^{-1}\right] = \mathcal{L}^{-1}\begin{bmatrix} s+1 & 0 \\ -1 & s+2 \end{bmatrix}^{-1}$$

$$= \mathcal{L}^{-1}\frac{1}{(s+1)(s+2)}\begin{bmatrix} s+2 & 0 \\ 1 & s+1 \end{bmatrix}$$

$$= \mathcal{L}^{-1}\begin{bmatrix} \dfrac{1}{s+1} & 0 \\ \dfrac{1}{(s+1)(s+2)} & \dfrac{1}{s+2} \end{bmatrix} = \begin{bmatrix} e^{-t} & 0 \\ e^{-t}-e^{-2t} & e^{-2t} \end{bmatrix}$$

従って,単位ステップ応答は(7.42)式で $u(t)=1$ として,

$$\mathbf{x}(t) = e^{\mathbf{A}t}\mathbf{x}(0) + \int_0^t e^{\mathbf{A}(t-\tau)}\mathbf{B}u(\tau)d\tau$$

$$= \begin{bmatrix} e^{-t} & 0 \\ e^{-t}-e^{-2t} & e^{-2t} \end{bmatrix}\begin{bmatrix} -1 \\ 1 \end{bmatrix} + \int_0^t \begin{bmatrix} e^{-(t-\tau)} & 0 \\ e^{-(t-\tau)}-e^{-2(t-\tau)} & e^{-2(t-\tau)} \end{bmatrix}\begin{bmatrix} 1 \\ 0 \end{bmatrix}d\tau$$

$$= \begin{bmatrix} -e^{-t} \\ -e^{-t}+2e^{-2t} \end{bmatrix} + \int_0^t \begin{bmatrix} e^{-(t-\tau)} \\ e^{-(t-\tau)}-e^{-2(t-\tau)} \end{bmatrix}d\tau$$

$$= \begin{bmatrix} -e^{-t} \\ -e^{-t}+2e^{-2t} \end{bmatrix} + \begin{bmatrix} e^{-t}\int_0^t e^{\tau}d\tau \\ e^{-t}\int_0^t e^{\tau}d\tau - e^{-2t}\int_0^t e^{2\tau}d\tau \end{bmatrix}$$

$$= \begin{bmatrix} -e^{-t} \\ -e^{-t}+2e^{-2t} \end{bmatrix} + \begin{bmatrix} 1-e^{-t} \\ 1-e^{-t}-\dfrac{1}{2}(1-e^{-2t}) \end{bmatrix} = \begin{bmatrix} 1-2e^{-t} \\ \dfrac{1}{2}-2e^{-t}+\dfrac{5}{2}e^{-2t} \end{bmatrix}$$

である。従って,

$$y(t) = \mathbf{C}\mathbf{x}(t) = 0.5 - 2e^{-t} + 2.5e^{-2t}$$

である。これは例題7.7の解に等しい。

7.4 安定性

再び状態方程式で表現されるシステム(7.12)式に戻る。線形系の場合システムの安定性は入力にはよらない。即ち，線形システムの安定性は(7.12)式の状態方程式の同時方程式(7.25)式で決まってしまうのである。

$$\dot{\mathbf{x}}(t) = \mathbf{A}\mathbf{x}(t) \quad , \quad \mathbf{x}(0) = \mathbf{x}_0 \tag{7.25}$$

(7.25)式において，全ての初期値$\mathbf{x}(0)$に対して，$\mathbf{x}(t) \to 0\,(t \to \infty)$になるとき，このシステムは**漸近安定**という。(7.25)のシステムが漸近安定であるための必要十分条件はシステム行列$\mathbf{A}$の全ての固有値が負の実部を持つことである。このことは古典制御理論でシステムの安定性が特性方程式の解で決定され，特性方程式の解はシステム行列$\mathbf{A}$の固有値に等しいことと符合している。従って安定性の判定としては特性方程式，

$$|s\mathbf{I} - \mathbf{A}| = a_o s^n + a_1 s^{n-1} + \cdots + a_{n-1}s + a_n = 0 \tag{7.44}$$

に対してラウス・フルビッツ等の判別法を用いればよい。

例題7.11

第6章図6.8のシステムについてシステム行列を求め，(7.44)式による安定条件を求めよ。

解答 図6.8のシステムについて閉ループ伝達関数を考えれば，

$$W(s) = \frac{KG(s)}{1 + KG(s)} = \frac{K}{s(s+1)(s+2) + K}$$

である。$X(s) = W(s)U(s)$とおいて微分方程式に戻せば，

$$\dddot{x}(t) + 3\ddot{x}(t) + 2\dot{x}(t) + Kx(t) = Ku(t)$$

である。ここで，

$$x_1(t) = x(t) \quad , \quad x_2(t) = \dot{x}(t) \quad , \quad x_3(t) = \ddot{x}(t)$$

と置けば,

$$\dot{x}_1(t) = x_2(t) \quad, \quad \dot{x}_2(t) = x_3(t)$$
$$\dot{x}_3(t) = -3x_3(t) - 2x_2(t) - Kx_1(t) + Ku(t)$$

である。従ってシステム行列は,

$$\mathbf{A} = \begin{bmatrix} 0 & 1 & 0 \\ 0 & 0 & 1 \\ -K & -2 & -3 \end{bmatrix} \quad [s\mathbf{I} - \mathbf{A}] = \begin{bmatrix} s & -1 & 0 \\ 0 & s & -1 \\ K & 2 & s+3 \end{bmatrix}$$

である。従って特性方程式は,

$$|s\mathbf{I} - \mathbf{A}| = s^3 + 3s^2 + 2s + K = 0$$

であり, 安定条件はフルビッツの安定判別条件を用いて,

$$K > 0 \quad, \quad H_2 = \begin{vmatrix} 3 & K \\ 1 & 2 \end{vmatrix} > 0$$

より, $0 < K < 6$ である。

第7章　練習問題

1　逆行列を求めよ。

 (1) $\begin{bmatrix} \cos\theta & -\sin\theta \\ \sin\theta & \cos\theta \end{bmatrix}$　(2) $\begin{bmatrix} 1 & 2 & 3 \\ 1 & 3 & 5 \\ 1 & 5 & 12 \end{bmatrix}$

2　システム方程式を求めよ。

 (1) $G(s) = \dfrac{\omega_n^2}{s^2 + 2\zeta\omega_n s + \omega_n^2}$　(2) $G(s) = \dfrac{2s^2 + s + 1}{s^2 + s + 1}$

3　状態遷移行列 $e^{\mathbf{A}t}$ を求めよ。

 (1) $\mathbf{A} = \begin{bmatrix} 0 & \omega \\ -\omega & 0 \end{bmatrix}$　(2) $\mathbf{A} = \begin{bmatrix} -1 & 2 \\ -2 & -1 \end{bmatrix}$

4　次のシステムのインパルス応答を求めよ。

$$\dot{\mathbf{x}}(t) = \begin{bmatrix} 0 & \omega \\ -\omega & 0 \end{bmatrix} \mathbf{x}(t) + \begin{bmatrix} 0 \\ 1 \end{bmatrix} u(t) \quad, \quad \mathbf{x}(0) = \begin{bmatrix} 0 \\ 0 \end{bmatrix}$$

5 次のシステムの単位ステップ応答を求めよ。

$$\dot{\mathbf{x}}(t) = \begin{bmatrix} -2 & 1 \\ 1 & -2 \end{bmatrix} \mathbf{x}(t) + \begin{bmatrix} 1 \\ 0 \end{bmatrix} u(t) \quad , \quad \mathbf{x}(0) = \begin{bmatrix} 0 \\ 2 \end{bmatrix}$$

第8章

PID 制御系の設計

 第7章までで古典制御理論に関する基本的事項の説明は終わりである。この章ではこれまでの知識を総合的に活かして，PID制御器を用いた実際の制御系設計を試みてみよう。どのような分野であれ，現在用いられている制御器の大半はこのPID制御器であると考えて問題ないのである。制御対象としては何を選んでも構わないがここでは演習に具体性を持たせるためにロケットのロール角制御を例にとって考えてみよう。

8.1 ロケットのロール角制御問題の概要

 ロケットの機軸回りの回転運動を**ロール運動**という。ロール角の制御は発射台から飛び出すときの外乱で機軸回りに発生するロール運動を抑えたり，あるいは飛翔中のスペースシャトルのように軌道を修正するためにまず機体自身の姿勢が所定のロール角になるように制御する場合に用いられる。この**ロール角制御**はロケットに限らず旅客機の離着陸時，或いは水平飛行時にも常に機能している。

 ロケットのロール角制御系の内部構造を具体的にするために，まず図1.4に示したフィードバック制御系の一般的な構造から出発しよう。図1.4を再び示せば図8.1である。

8.1 ロケットのロール角制御問題の概要

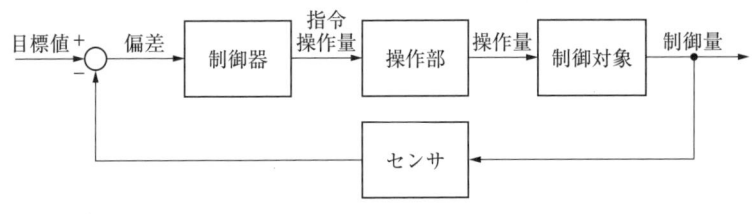

図8.1 フィードバック制御系

（1）全体システムの構成

図8.1についてロケットのロール角制御系の場合を具体的に考えていけば以下の通りである。ここで胴体に取り付けられたフィンの角度を調整することによってロケットのロール運動を制御するケースを考えれば，図8.1で操作量はフィンの角度δであり，制御量はフィンが角度を取ったことにより発生するロール角ϕである。従って制御対象のブロックはフィンの角度$\delta(s)$からロール角$\phi(s)$迄の伝達関数$G_r(s)$になる。またフィンの駆動を直流サーボモータで行うことを考えれば操作部はサーボモータであり，指令操作量δ_cは直流電圧である。操作部は指令直流電圧$\delta_c(s)$からフィンの回転角度$\delta(s)$までの伝達関数$G_s(s)$になる。そこで目標値ϕ_cはロケットに与えるべきロール回転角度であり，例えば90度の回転角を与えたい場合には$\frac{\pi}{2}$が目標値である。ロケットに発生したロール角をロケットに搭載したロール角センサ（ジャイロ）で計測することを考えればセンサがジャイロであり，センサのブロックはロケットに発生する実際のロール角から，計測結果としてのロール角迄の伝達関数$G_g(s)$である。このジャイロによるロール角計測結果と目標値の差が偏差εであり，偏差の大きさに対してサーボモータを制御する直流電圧δ_cをどのように決定するか，その内容$G_c(s)$を決定することが制御器の設計である。以上の内容を図8.1に含めれば図8.2が得られる。

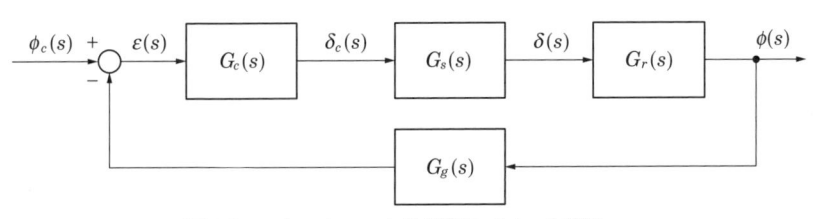

図 8.2 ロケットロール角制御のブロック線図

145

図8.2で $G_s(s), G_r(s), G_g(s)$ は制御系設計技術者に対して最初に与えられるものであり，それらの特性に対して最適な $G_c(s)$ を設計することが制御系設計技術者の仕事である．しかしここでは具体的な制御対象モデルが与えられている訳ではないので，$G_s(s), G_r(s), G_g(s)$ を仮定することから始めよう．各ブロックの伝達関数を推定する操作を制御工学では**モデル化**とか**モデリング**と呼ぶ．

（2）操作部のモデル化

直流サーボモータによる操作部モデル $G_s(s)$ を考える．一般に直流サーボモータの運動方程式は，

$$J\ddot{\delta}(t) + c\dot{\delta}(t) = T(t) \tag{8.1}$$

で近似される．ここで J は負荷の慣性能率，c は摩擦係数，$T(t)$ は入力トルク，$\delta(t)$ は出力軸の回転角である．(8.1)式をラプラス変換すればサーボモータの伝達関数 $G(s)$ は，

$$G(s) = \frac{\delta(s)}{T(s)} = \frac{K_m}{s(T_m s + 1)} \tag{8.2}$$

である．ただし，$K_m = \frac{1}{c}$，$T_m = \frac{J}{c}$ である．しかし一般に操作部としてのサーボモータはオープンで用いられるのではなくて出力軸の回転角 $\delta(t)$ を計測してサーボアンプにフィードバックする形で用いられる．このことをブロック線図で表すと図8.3である．図8.3で K_a はサーボアンプのゲインを表している．

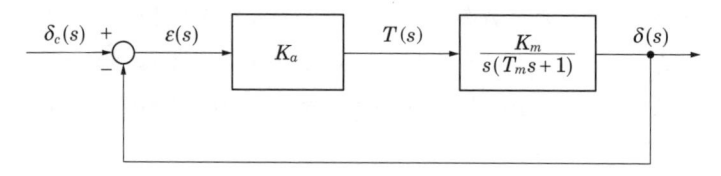

図 8.3 操作部の構成

図8.3から操作部としての伝達関数 $G_s(s)$ は，

$$G_s(s) = \frac{\delta(s)}{\delta_c(s)} = \frac{K_a K_m}{T_m s^2 + s + K_a K_m} \tag{8.3}$$

で与えられる。(8.3)式は，二次遅れ系の伝達関数であり，

$$G_s(s) = \frac{1}{T^2 s^2 + 2\varsigma Ts + 1} \tag{8.4}$$

と表現することができる。ここで

$$T = \sqrt{\frac{T_m}{K_a K_m}} \quad , \quad \varsigma = \frac{1}{2\sqrt{T_m K_a K_m}} \tag{8.5}$$

である。(8.5)式のK_a, K_m, T_mの値は具体的なサーボモータを想定しなければ決定できない。そこでここでは操作部全体としての二次遅れ系での特性を，固有周波数f_nが20Hzで減衰係数ςが0.7であると仮定しよう。このとき操作部モデルは図8.4で与えられ，

$$T = \frac{1}{2\pi f_n} = 0.008 \quad , \quad \varsigma = 0.7 \tag{8.6}$$

である。

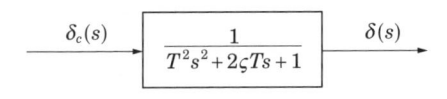

図 8.4 操作部の構成

（3） 制御対象のモデル化

次に図8.2の制御対象モデルを考える。操作部出力$\delta(t)$からロケットのロール角$\phi(t)$まで運動方程式は文献4などを参考にして，

$$\dot{p}(t) + c_{lp} p(t) = I_\delta \delta(t) \tag{8.7}$$

$$\dot{\phi}(t) = p(t) \tag{8.8}$$

で表現される。ここで$p(t)$はロールレート（ロール回転角速度：〔rad/s〕）であり，ϕはロール角〔rad〕，I_δはロケットのロール舵効きに関する空力微係数，c_{lp}はロール運動に関する動微係数である。一例としてここでは，

147

第8章　PID制御系の設計

$$I_\delta = 25 \,[1/s^2] \quad , \quad c_{lp} = 2.5 \,[1/s] \tag{8.9}$$

とする。(8.7)式，(8.8)式をラプラス変換して，

$$p(s) = \frac{K_\phi}{T_p s + 1} \delta(s) \tag{8.10}$$

$$\phi(s) = \frac{1}{s} p(s) \tag{8.11}$$

である。ただし

$$T_p = 0.4 \quad , \quad K_\phi = 10 \tag{8.12}$$

である。(8.10)式，(8.11)式を用いると図8.2の制御対象の部分のモデルは図8.5で表現される。

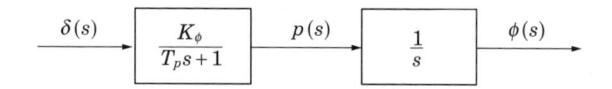

図 8.5　制御対象モデル

従って，図8.4，図8.5を用いると図8.2のロール角制御系ブロック線図は図8.6である。尚，図8.2でセンサのブロックの伝達関数が $G_g(s)=1$ を仮定している。

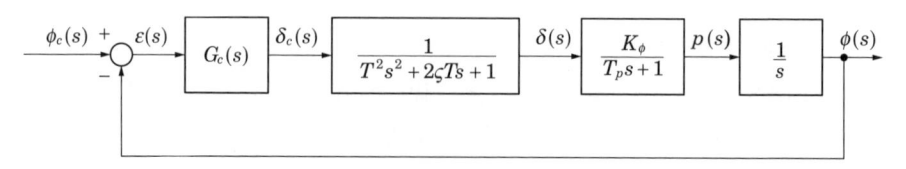

図 8.6　ロケットロール角制御系ブロック線図

（4）制御対象と操作部の特性比較

図8.6について制御器 $G_c(s)$ の設計を考える前に，操作部の二次遅れ系伝達関数と，蛇角からロールレートまでの一次遅れ系伝達関数について少し考察しておこう。各係数に(8.6)式と(8.12)式を用いた場合の両者のボード線図を比較すると図8.7である。図8.7には操作部とロールレートの特性，及びその両者の和の

特性を示しているが（ボート線図上では和，ブロック線図上では積），ロールレートの固有角周波数（$\omega = 2.5$）近傍までは，和の特性とロールレート単独での特性に殆ど相違がない．即ち，設計の際に重要な低周波数領域では操作部の特性は殆ど影響を及ぼしておらず，操作部の特性は無視して設計を進める近似が成り立つことを示している．

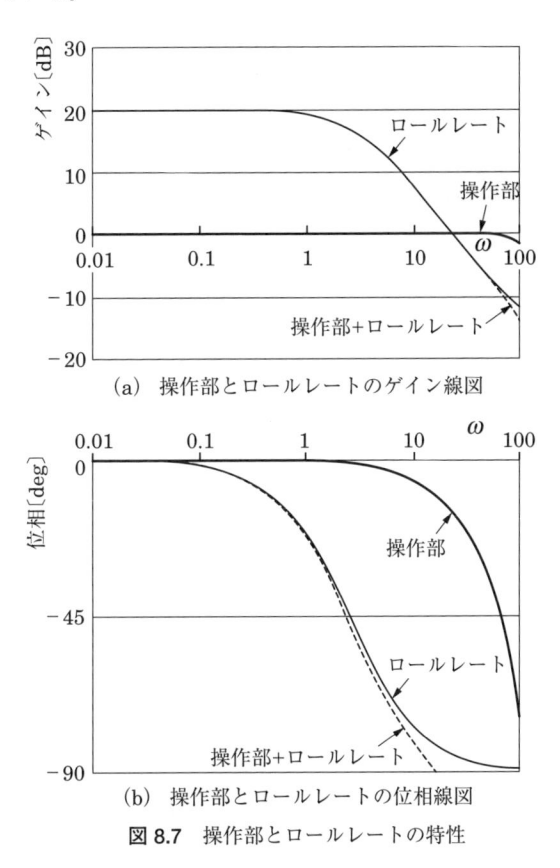

(a) 操作部とロールレートのゲイン線図

(b) 操作部とロールレートの位相線図

図 8.7 操作部とロールレートの特性

以上の考察の下に，以下の設計は近似的に図8.8のシステムで考える．この例のように，概略のモデル化が済んだ段階でモデル相互の特性を見比べながら，設計の初期の段階ではできる限り問題を簡略化して考えることが重要なことである．操作部の特性を省略したことは $G_s(s) = 1$ と仮定したことと同じであり，こ

の考え方は図8.6でセンサの特性$G_g(s)$を1と考えたことと全く同じである。

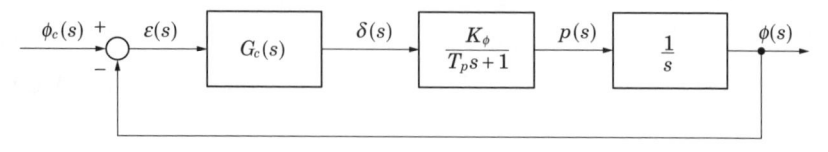

図 8.8 簡略化されたロール角制御系

8.2 PID制御器

古典制御理論による最も代表的な制御器$G_c(s)$の設計法はPID制御器による設計である．PID制御器の一般的な構成は，

$$G_c(s) = K_p\left(1 + \frac{1}{T_i s} + T_d s\right) \tag{8.13}$$

で与えられる．ここでK_p：比例ゲイン，T_i：積分時間，T_d：微分時間，である．(8.13)式は偏差信号$\varepsilon(s)$に対して指令操作量$\delta_c(s)$を，

$$\delta_c(s) = K_p\left(1 + \frac{1}{T_i s} + T_d s\right)\varepsilon(s) \tag{8.14}$$

で発生することを意味している．即ち，指令操作量を，偏差信号$\varepsilon(s)$の比例成分(Proportional)，積分成分(Integral)，微分成分(Derivative)の和で決定するのである．PID制御器の場合制御器の構造が決まっておりパラメータK_p，T_i，T_dの値を決定することがPID制御器の設計ということになる．PIDの三つの要素のうち全部を使わなければいけないということはない．比例要素はほとんどの場合用いられるが，積分要素は制御系に残る定常偏差を防止するための補償であり，微分要素は応答を早めるための補償である．制御系によってはPI制御器で十分な場合もあるしPD制御器の場合もある．

PID制御器の伝達関数である(8.13)式は

$$G_c(s) = \frac{K_p\left(1 + T_i s + T_i T_d s^2\right)}{T_i s} \tag{8.15}$$

8.2 PID制御器

と変形されて，(8.15)式のボード線図は図8.9の通りである．低周波数領域で積分特性を有し，高周波数領域では微分特性を有している．図8.9(a)の例では $K_p=1$ としているので中域でのゲインが0dBになっているが，K_p の値によってゲイン線図全体が上下に平行移動する．位相特性はゲインにはよらない．

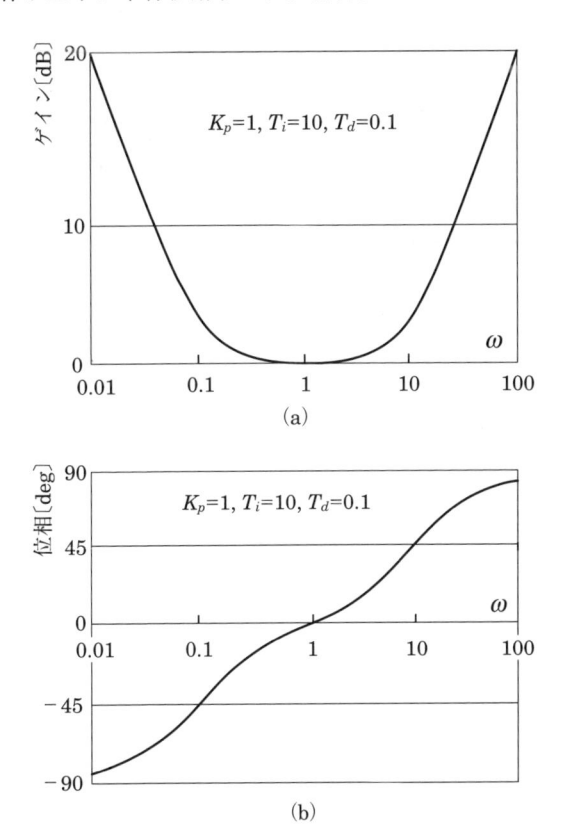

(a) $K_p=1, T_i=10, T_d=0.1$ ゲイン線図

(b) $K_p=1, T_i=10, T_d=0.1$ 位相線図

図 8.9 PID 制御器の位相線図

PID制御器設計の基本はまず比例制御（P制御）である．比例制御だけでは定常偏差が残る場合に積分補償を加えて比例＋積分制御（PI制御）にし，さらに応答性を改善したい場合に微分補償を追加した比例＋積分＋微分制御（PID制御）を考えるのが一般的な設計手法である．

第8章 PID制御系の設計

8.3 PID制御器とIPD制御器

制御系において実際にPID制御器を構成する場合，回路構成上PID制御器と呼ばれる構成とIPD制御器と呼ばれる構成がある。またPID制御器，IPD制御器にもそれぞれ二つの回路構成法があり，合計四つの形になる。ここでこの四つの形について整理しておこう。

まずPID制御器の二つの構成を図8.10(a)，図8.10(b)に示す。尚，図ではT_i，T_dの代わりに$K_i\left(=\dfrac{1}{T_i}\right)$，$K_d\,(=T_d)$の記号を用いている。図8.10(a)と図8.10(b)の違いは比例ゲインK_pの位置だけであるが，このK_pの位置によってk_i，k_dの値が異なってくるので実際の設計の現場においては注意しなければならない。単にPID制御器という場合は図8.10(a)の構成を意味する場合が多いようである。

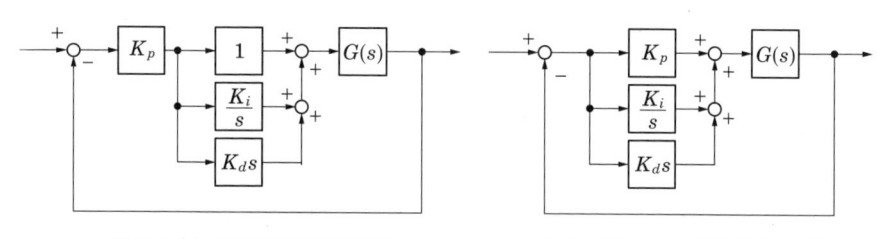

図 8.10(a)　PID 制御器 (PID1)　　　図 8.10(b)　PID 制御器 (PID2)

またIPD制御器の二つの構成は図8.11(a)，図8.11(b)である。IPD制御器は比例・微分先行型PID制御器と呼ばれることもある。

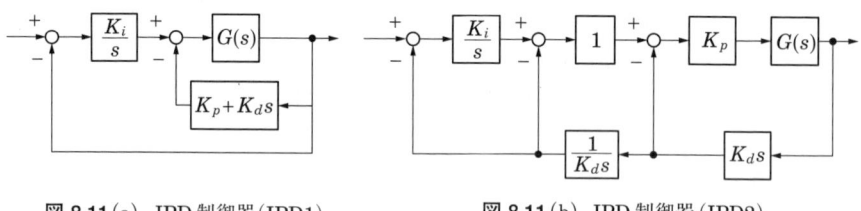

図 8.11(a)　IPD 制御器 (IPD1)　　　図 8.11(b)　IPD 制御器 (IPD2)

図8.10，図8.11で$G(s)$はシステム全体の伝達関数をまとめて表している。ここで，PID1，PID2，IPD1，IPD2の四つの間の関係を求めておこう。

8.3 PID制御器とIPD制御器

図8.10, 図8.11の閉ループ伝達関数はそれぞれ,

PID1 $\quad W_{\mathrm{PID1}}(s) = \dfrac{(K_d s^2 + s + K_i) K_p G(s)}{s + K_p (K_d s^2 + s + K_i) G(s)}$ (8.16)

PID2 $\quad W_{\mathrm{PID2}}(s) = \dfrac{(K_d s^2 + K_p s + K_i) G(s)}{s + (K_d s^2 + K_p s + K_i) G(s)}$ (8.17)

IPD1 $\quad W_{\mathrm{IPD1}}(s) = \dfrac{K_i G(s)}{s + (K_d s^2 + K_p s + K_i) G(s)}$ (8.18)

IPD2 $\quad W_{\mathrm{IPD2}}(s) = \dfrac{K_i K_p G(s)}{s + K_p (K_d s^2 + s + K_i) G(s)}$ (8.19)

である。ここでPID1とIPD2の関係を見れば(8.16)式と(8.19)式から,

$$\dfrac{W_{\mathrm{IPD2}}}{W_{\mathrm{PID1}}} = \dfrac{K_i}{K_d s^2 + s + K_i} \quad (8.20)$$

である．またPID2とIPD1の間には(8.17)式と(8.18)式から,

$$\dfrac{W_{\mathrm{IPD1}}}{W_{\mathrm{PID2}}} = \dfrac{K_i}{K_d s^2 + K_p s + K_i} \quad (8.21)$$

の関係が成り立つ．即ち，PID1とIPD2，PID2とIPD1がそれぞれ対応しており，PID制御器による制御系とIPD制御器による制御系の間にはそれぞれの対応した系列において，IPD制御器はPID制御器の出力に二次遅れ特性を付加した特性になる．また微分補償を用いない場合，即ちPI制御，IP制御の場合は(8.16)式から(8.21)式において$K_d = 0$と置けばよく，IP制御器はPI制御器に対して一次遅れ特性を付加した特性になる．IP制御の場合のブロック線図は図8.12である。尚，PID1のK_i, K_dはPID2のK_i, K_dに対し，同様にIPD2のK_i, K_d

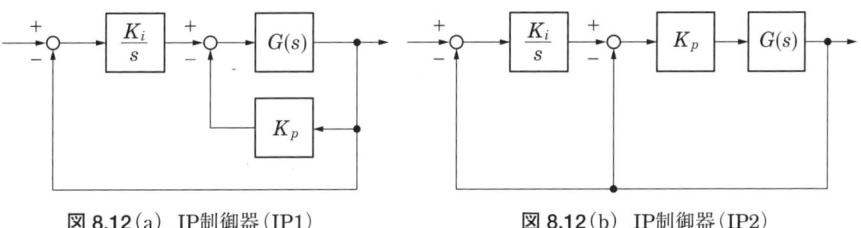

図 8.12(a) IP制御器（IP1）　　　図 8.12(b) IP制御器（IP2）

は IPD1 の K_i, K_d に対して, $K_i = \dfrac{K_i}{K_p}$, $K_d = \dfrac{K_d}{K_p}$ の関係があるので (8.20) 式において, $K_i = \dfrac{K_i}{K_p}$, $K_d = \dfrac{K_d}{K_p}$ と置けば (8.21) 式が得られる。

以上の結果から，IPD 制御器を用いた閉ループ制御系は PID 制御器を用いた制御系の出力信号に更に二次遅れ系の特性が付加された出力になっている。即ち応答が遅れていることが分かる。このことは「だから PID 制御器の方が優れる」という結論を導くものではなく，設計の際のそれぞれの特徴の生かし方なのである。カスケード結合のサーボ機構では内側のダンパーループに IPD 制御器が使われることも多い。応答性を重視する設計の場合には PID 制御器，安定性を重視する設計の場合には IPD 制御器が適している。

8.4 ロール角制御系の設計

(1) ダンパーループの必要性

ここで図 8.8 に戻り，PID 制御器の構成を比例制御のみとし，一例として

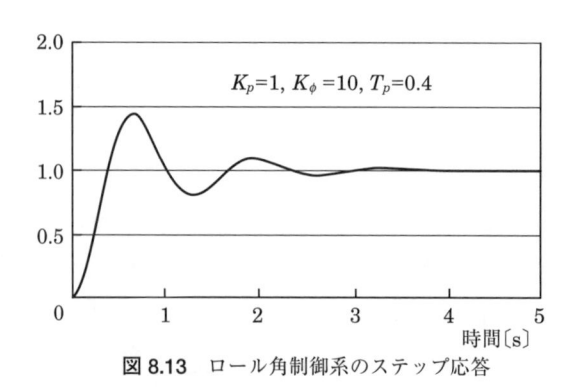

図 8.13 ロール角制御系のステップ応答

($K_p=1$, $K_\phi=10$, $T_p=0.4$)

$K_p = 1$ とした場合の図 8.8 の単位ステップ応答を示せば図 8.13 である。

図 8.13 から図 8.8 の制御系は振動的で減衰が悪いことがわかる。応答が振動的になるのはゲインが大きすぎる場合の特徴的な現象であるが，ゲインを小さくすると応答性が悪くなってしまう。従って応答特性を極力そのままにして振動を抑える方策が必要になる。このためには PID 制御器設計の基本的な発想として位

8.4 ロール制御系の設計

相を進める，即ち微分要素の付加が必要になってくる．なお，この場合には定常偏差は発生していないので積分補償は必要ない．従って制御器としてはPD制御器ということになる．そこで制御器を，

$$G_c(s) = K_p(1+T_d s) \tag{8.22}$$

とした場合，図8.8から，

$$\varepsilon(s) = \phi_c(s) - \phi(s) \tag{8.23}$$

$$\delta(s) = K_p(1+T_d s)\varepsilon(s) \tag{8.24}$$

である．(8.24)式を展開すれば，

$$\delta(s) = K_p \varepsilon(s) + K_p T_d s \varepsilon(s) \tag{8.25}$$

である．(8.25)式の第2項が偏差信号の微分を表しているが，(8.23)式で入力 $\phi_c(s)$ は一般に一定値であり，

$$s\phi_c(s) = 0 \tag{8.26}$$

と考えることができる．このとき(8.25)式は，

$$\delta(s) = K_p \varepsilon(s) - K_p T_d s \phi(s) \tag{8.27}$$

である．(8.27)式で第2項の $s\phi(s)$ はロール角 $\phi(s)$ の微分を意味しており，図8.8によれば $\phi(s)$ の微分はロールレート $p(s)$ である．従って微分制御器を付加する代わりにロールレート信号 $p(s)$ を用いれば(8.27)式は，

$$\delta(s) = K_p \varepsilon(s) - K_p T_d p(s) \tag{8.28}$$

と表現することができる．このことをブロック線図に表現すれば図8.14である．図8.14は等価変換して図8.15を得ることができる．ただし，

$$K_{p_1} = \frac{1}{T_d} \quad , \quad K_{p_2} = K_p T_d \tag{8.29}$$

である．この等価変換は第3章で示した方法でできるが，双方の $\delta(s)$ 信号を比較するほうが簡単かも知れない．即ち，図8.15の，

$$\delta(s) = K_{p_1} K_{p_2} \varepsilon(s) - K_{p_2} p(s) \tag{8.30}$$

第8章　PID制御系の設計

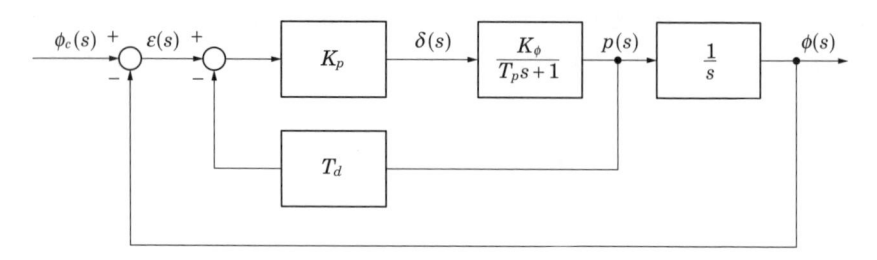

図 8.14　近似的PD制御器によるロール角制御系

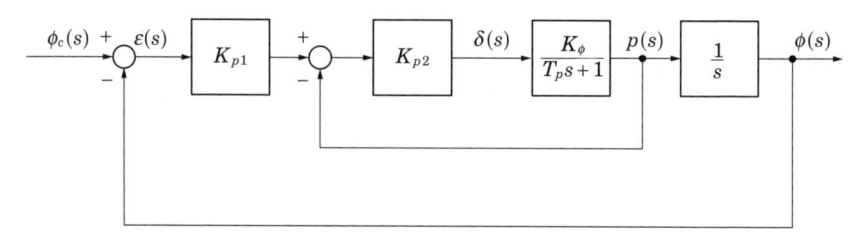

図 8.15　図8.14の等価ブロック線図

を(8.28)式と等しく置けば(8.29)式が得られる。

　図8.15のような2重のフィードバック構造を**カスケード結合**という。ロケットのロール角制御系に限らず位置や角度を制御するサーボメカニズムの制御系の場合には，位置や角度の微分である速度や角速度も同時にフィードバックするのが通例であり，**ダンパーループ**と呼ばれることが多い。この内側のループは外側ループの振動的な応答を抑える効果を持っている。即ち，図8.13の応答のダンピング特性を改善するためには図8.8のロール角制御系にダンパーループを付加する必要があるのである。

　ここではPD制御の話からダンパーループへ話を進めたがこの説明は少々回りくどい感じを与えたかも知れない。位置や角度などの機械的な諸量を制御するサーボメカニズムの制御系ではダンパーループとして制御量の微分信号もフィードバックするということを常識と考えておけばよい。

　図8.15の制御系を更に一般的に表現すれば図8.16である。図8.16で制御器$C_1(s), C_2(s)$をいずれもPID制御器で構成する場合，この二重構造のPID制御系

は2自由度PID制御系と呼ばれることもある。従ってロケットのロール制御系の設計は、ロールレート制御系の設計とロール角制御系の設計の2段階から構成されることになる。

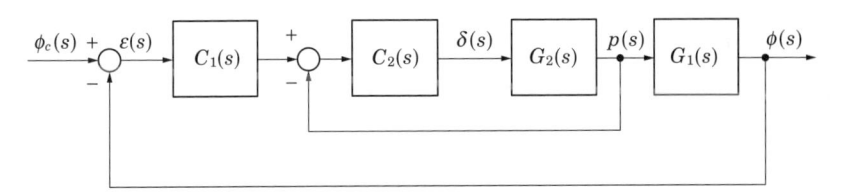

図 8.16 2自由度制御系

（2）ロールレート制御系の設計

そこでまず図8.15の内側ループを単独で設計することを考えよう。内側ループの入力信号を$p_c(s)$とすれば$C_2(s)$を比例制御器で考えた場合図8.17である。

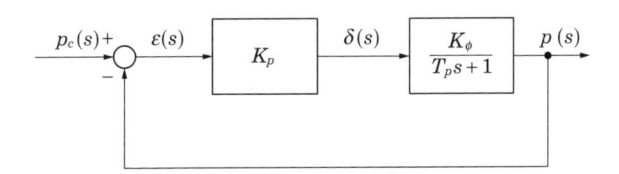

図 8.17 レート制御系

ここで図8.17について考察してみよう。図8.17で、

$$\varepsilon(s) = p_c(s) - p(s) \tag{8.31}$$

$$p(s) = \frac{K_p K_\phi}{T_p s + 1} \varepsilon(s) \tag{8.32}$$

である。(8.31)式，(8.32)式から，

$$p(s) = \frac{K_p K_\phi}{T_p s + 1 + K_p K_\phi} p_c(s) \tag{8.33}$$

$$\varepsilon(s) = \frac{T_p s + 1}{T_p s + 1 + K_p K_\phi} p_c(s) \tag{8.34}$$

第8章　PID制御系の設計

である。ここで$p_c(s)$として単位ステップ入力を考えれば，最終値の定理により，

$$\lim_{t\to\infty} p(t) = \lim_{s\to 0} s \cdot \frac{K_p K_\phi}{T_p s + 1 + K_p K_\phi} \cdot \frac{1}{s} = \frac{K_p K_\phi}{1 + K_p K_\phi} \tag{8.35}$$

$$\lim_{t\to\infty} \varepsilon(t) = \lim_{s\to 0} s \cdot \frac{T_p s + 1}{T_p s + 1 + K_p K_\phi} \cdot \frac{1}{s} = \frac{1}{1 + K_p K_\phi} \tag{8.36}$$

である。ここで$T_p = 0.4$，$K_\phi = 10$だが，このシステムはK_pの値に関わりなく(8.36)式から定常偏差が残る制御系であることが確認できる。定常偏差が残るという意味は，入力の目標値に対して制御量がその値に到達できないということであり制御系としての目的を達成できていない。従ってこの場合の制御器は比例制御器のみでは無理であることが判明する。この制御系に残る定常偏差を防止するための補償器が積分補償器である。そこで制御器をK_pの代わりにPI制御器を考えて，

$$C_2(s) = K_p \left(1 + \frac{1}{T_i s}\right) \tag{8.37}$$

とすれば，この場合のロールレート制御系ブロック線図は図8.18で示すことができる。このときの定常偏差は，

$$\lim_{t\to\infty} \varepsilon(s) = \lim_{s\to 0} s \cdot \frac{T_i s(T_p s + 1)}{T_i s(T_p s + 1) + K_p K_\phi(T_i s + 1)} \cdot \frac{1}{s} = 0 \tag{8.38}$$

であり，積分補償の効果で定常偏差をなくすことができたことを示している。この例のように0型の制御対象の場合には比例制御のみでは定常偏差が残り，比例＋積分補償（PI制御器）が必要になるのである。比例補償のみの場合と積分補償を加えた場合の単位ステップ応答を図8.19に示す。図8.19から制御器に積分補償を追加することにより定常偏差の問題を解決できていることがわかる。

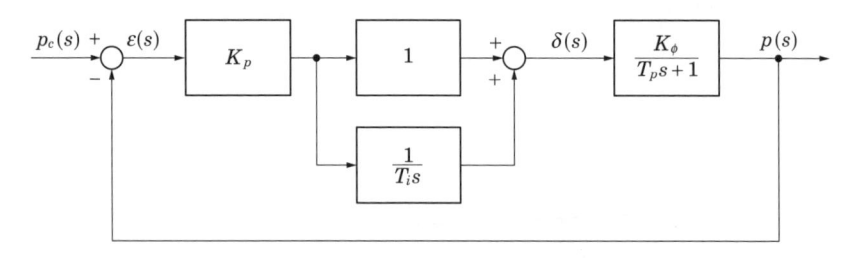

図 8.18　PI制御器の場合のロールレート制御系

8.4 ロール制御系の設計

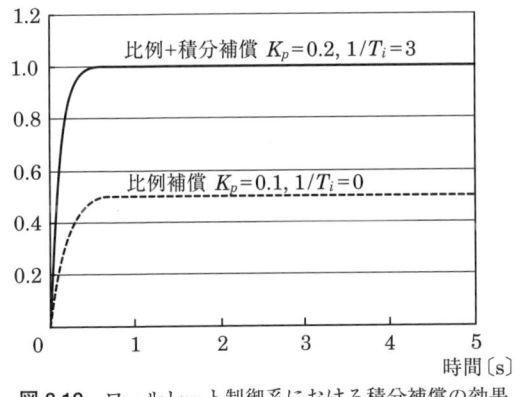

図 8.19 ロールレート制御系における積分補償の効果

この例は，定常偏差が残る系での積分補償の必要性を示すためのものであり，現実問題としてロケットのロール系についてレート制御系単独で用いられることは，普通のケースでは考えにくい。「ロール角が何度の位置になっていても構わないがとにかくロール軸回りの回転運動が発散しなければよい」というような，大雑把な制御系の要求の場合に用いられる可能性があるのみである。ただこのような場合には一般に図8.17の入力がゼロで外乱に対してロールレートの発生を抑える制御系の設計になる。外乱に対する問題については本章の練習問題を参照していただきたい。

PI制御器を用いるという方針が決まればあとはK_p, T_iの値を決定することが制御系の設計問題であり，一般にシミュレーションによる試行錯誤で決められることが多い。最適制御理論によれば最適なパラメータが唯一無二に決定できるような錯覚にとらわれるかも知れないが決してそんなことはない。現在ではシミュレーション技法が最も強力な制御系設計手法であると考えてよい。MATLABはこのための便利な設計ツールであり本書の例題は全てMATLABを用いて確認している。

（3）ロール角制御系の設計

次にロール角制御系の構成について考えよう。再び図8.15に戻り伝達関数を具体的に書き込むと図8.20である。

第8章 PID制御系の設計

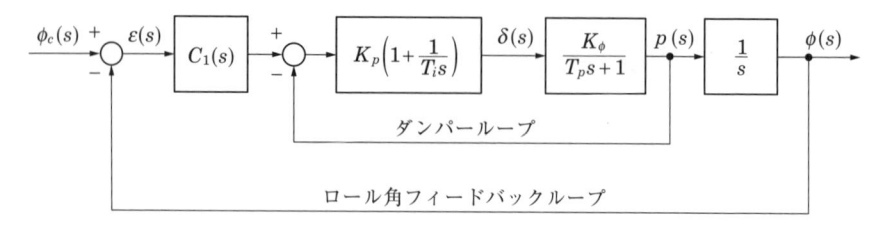

図8.20 ロール角制御系ブロック線図

図8.20でダンパーループの閉ループ伝達関数を $W'(s)$ とすれば,

$$W'(s) = \frac{K_p K_\phi (T_i s + 1)}{T_i s (T_p s + 1) + K_p K_\phi (T_i s + 1)} \tag{8.39}$$

である。従って全体の閉ループ伝達関数 $W(s)$ は,

$$W(s) = \frac{C_1(s) W'(s)}{s + C_1(s) W'(s)} \tag{8.40}$$

であり,偏差信号は,

$$\varepsilon(s) = \frac{s}{s + C_1(s) W'(s)} \tag{8.41}$$

である。ここで単位ステップ入力を考えれば, $\lim_{s \to 0} W'(s) = 1$ だから, $\lim_{s \to 0} C_1(s) \neq 0$ のとき,

$$\lim_{t \to \infty} \varepsilon(t) = \lim_{s \to 0} s \cdot \varepsilon(s) \cdot \frac{1}{s} = 0 \tag{8.42}$$

である。即ち, $C_1(s)$ としては比例補償のみでよいことがわかる。従って,ロー

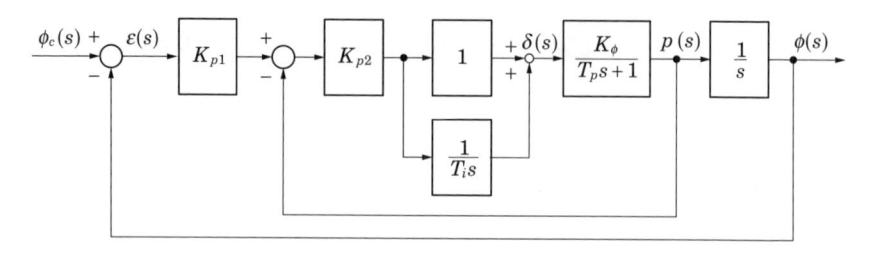

図8.21 ロール角制御系の基本構成

$K_{p2}=0.2, K_i=3, T_p=0.4, K_\phi=10$

図 8.22 ロール角制御系の応答(1)

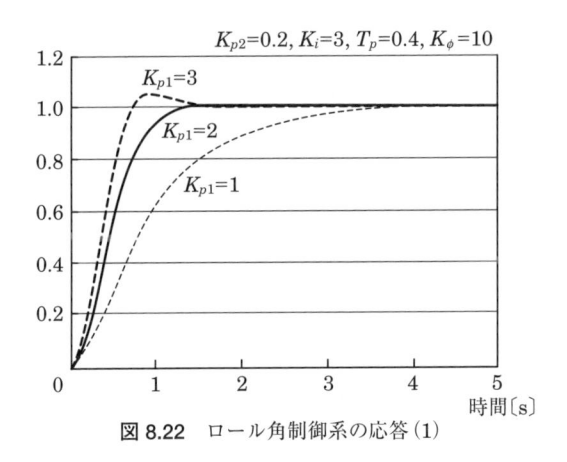

ル角制御系の基本構成は図8.21となる。そこでレート系設計結果のK_{p2}, T_iの値を用いてK_{p1}をパラメータにしたシミュレーション結果が図8.22である。尚，図8.22では便宜上$K_i=\dfrac{1}{T_i}$を用いている。

図8.22では$K_{P1}=2$あたりが最適で，それよりゲインを高くしていくと徐々にオーバーシュートが発生してくることがわかる。オーバーシュートを許容するか拒絶するか，それは制御系の目的によりけりだが一般にプロセス制御の場合にはオーバーシュートを嫌い，サーボ機構の場合には応答性を重視して若干のオーバーシュートは許容する傾向にあるだろう。ただ，ここには示していないがオーバーシュートが発生するということは根軌跡で考えれば特性根が安定限界に接近しつつあることを示しており，同様に，ボード線図で考えればゲイン余裕が小さくなっていることを示している。

次に一つの試みとして図8.21の制御系でレート制御器の積分補償を外すことを考えてみよう。図に示せば図8.23である。この場合の設計結果の一例を図

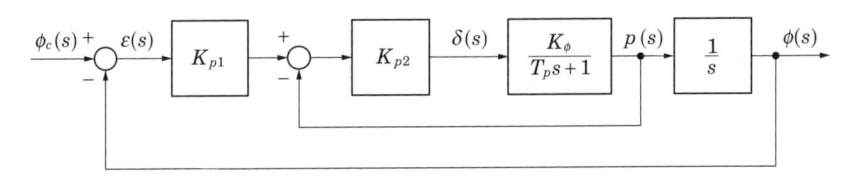

図 8.23 ロール角制御系(2)

第8章 PID制御系の設計

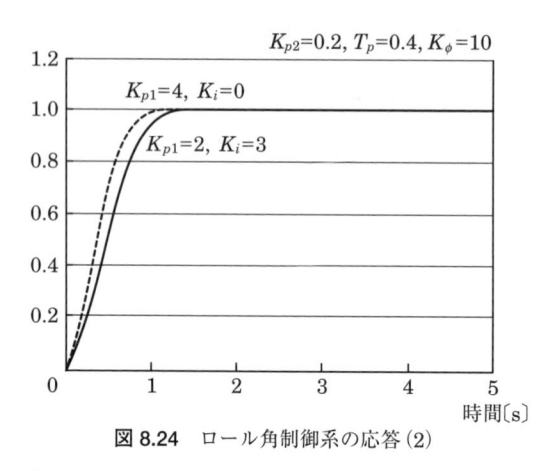

図 8.24 ロール角制御系の応答 (2)
($K_{p2}=0.2, T_p=0.4, K_\phi=10$, 曲線: $K_{p1}=4, K_i=0$ および $K_{p1}=2, K_i=3$)

8.21の場合と比較して図8.24に示す。

図8.23の発想は, 図8.21においてK_{p1}を大きくできない理由にレート制御器の積分補償器の弊害が予測されるところから生まれている。この積分補償器を外すとダンパループには定常偏差が残る形になるが, 角度制御ループとしてはダンパループの積分補償の有無に関わらず定常偏差は残らないから, このレート制御器の積分補償器は無駄ではないかという発想も成り立つのである。図8.24は図8.22で最も望ましいと思われる$K_{p1}=2, K_i=3$の場合に対して$K_i=0$として$K_{p1}=4$とした場合である。なお, ここでも$K_i=\dfrac{1}{T_i}$である。

図8.22ではオーバーシュートが発生してK_{p1}の値を大きくできなかったが図8.24ではオーバーシュートが発生するまでに余裕があるためにK_{p1}の値を大きく設定することができて, 結果的に応答性も改善できている。これはレート制御器の積分補償器を削除したために積分器による位相遅れがなくなり, その分ゲイン余裕が大きくなったためだと考えられる。このことを詳しく解析するためにはボード線図を描いてみることが有効である。

最後に, 図8.23のロール角制御系を実際に構成する場合のことについて少し言及しておこう。フィードバック回路を構成する場合には当然のことながらセンサが必要になり, 図8.23の場合, ダンパループ用のロールレートセンサと角度フィードバック用のロール角センサの二つが必要になる。図8.23はこの二つ

8.4 ロール制御系の設計

のセンサが高性能のものでその特性が制御系の特性に影響を及ぼさないことが仮定されている。もしその仮定が成立しない場合にはフィードバックループの途中に，それぞれのセンサの特性を表す伝達関数を挿入しなければならない。

ところで，角度センサの一つにレート積分ジャイロというものがあって，このジャイロは基本構造はレートセンサなのだがレートの積分値，即ち角度も出力できるように作られているものがある。そこでレートと角度を同時に出力できるレート積分ジャイロを用いた場合，図8.23の回路は図8.25のように構成することができる。即ち，レート積分ジャイロを用いることにより，カスケード型の制御系を簡素化できるのである。ただし，図8.23の制御系と図8.25とでは完全に同じというわけではない。図8.25ではレート積分ジャイロが出力したロール角と実際にロケットに発生しているロール角が一致している保証はないのである。

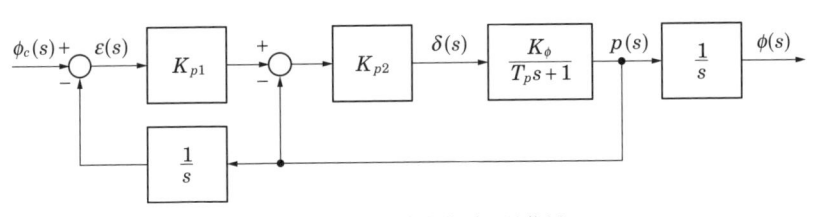

図 8.25　ロール角制御系の具体例

第8章 練習問題

1. センサのブロックの伝達関数を $G_g(s)=1$ と仮定することの意味についてボード線図を用いて説明せよ。
2. 図8.18のレート制御系で突風の外乱が発生した場合のブロック線図を示せ。
3. 問題2について，入力に対する応答と外乱に対する応答について考察せよ。
4. 問題3について図8.26に示すフィードフォワード補償の有効性について考察せよ。
5. 図8.23の制御系と図8.25の制御系の利害得失について考察せよ。

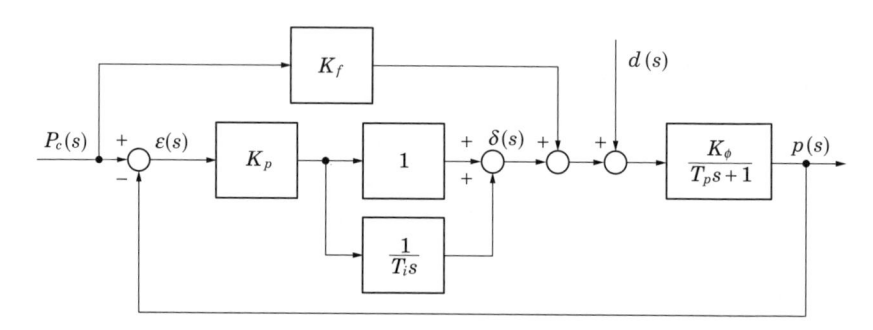

図 8.26 フィードフォワード補償制御系

章末問題の解答

第 1 章

1

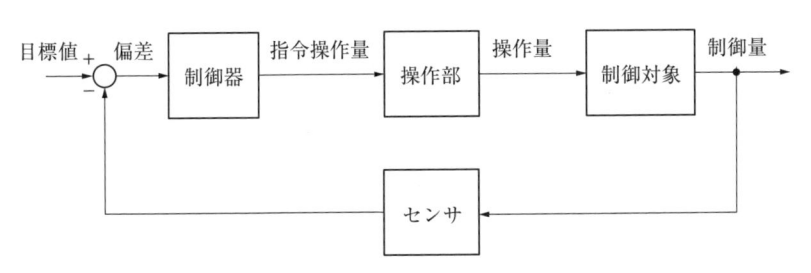

練習問題図 1.1

制御器：ヒータ電源ON/OFF切り替え制御，操作部：ヒータ，制御対象：ポット内水量，センサ：温度センサ，目標値：設定温度（100℃），制御量：ポット内湯温，偏差：設定温度と湯温の差，指令操作量：ヒータ電源ON/OFF信号，操作量：ヒータ発生熱量

2 図1.2で右方向加速度を正とすれば慣性力は左方向，従ってバネの縮みが正の加速度。

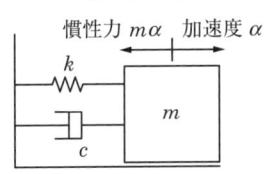

練習問題図 1.2

3 静的システムとは出力が入力に対して比例関係にあるシステムのことであり，動的システムとは入力と出力の関係が微分方程式で表現されるシステムのことである。

4 バネ定数 k のバネだけのシステムを考え，バネを引き伸ばす力を入力 $u(t)$，バネの伸びを出力 $y(t)$ とすれば，フックの法則から $y(t)=ku(t)$ であり，過度的な状態を無視すれば静的システムと考えることができる。

5　粘性係数 c のダッシュポッドだけのシステムを考え，ダッシュポッドを引き伸ばす力を入力 $u(t)$，ダッシュポッドの変位を出力 $y(t)$ とすれば，ダッシュポッドは変位 $y(t)$ の変化率 $\dfrac{dy}{dt}$ に比例した抗力を発生するから，$u(t) - c\dot{y}(t) = 0$ 即ち，$c\dot{y}(t) = u(t)$ がこのシステムのダイナミクスである。

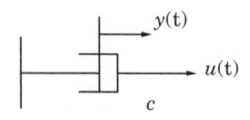

練習問題図 1.3

第 2 章

1 (1) $z_1 z_2 = r_1 r_2 \{(\cos\theta_1 \cos\theta_2 - \sin\theta_1 \sin\theta_2) + j(\sin\theta_1 \cos\theta_2 + \cos\theta_1 \sin\theta_2)\}$
$= r_1 r_2 \{\cos(\theta_1 + \theta_2) + j\sin(\theta_1 + \theta_2)\}$

(2) $\dfrac{z_1}{z_2} = \dfrac{r_1}{r_2} \dfrac{(\cos\theta_1 + j\sin\theta_1)(\cos\theta_2 - j\sin\theta_2)}{\cos^2\theta_2 + \sin^2\theta_2}$
$= \dfrac{r_1}{r_2} \{(\cos\theta_1 \cos\theta_2 + \sin\theta_1 \sin\theta_2) + j(\sin\theta_1 \cos\theta_2 - \cos\theta_1 \sin\theta_2)\}$
$= \dfrac{r_1}{r_2} \{\cos(\theta_1 - \theta_2) + j\sin(\theta_1 - \theta_2)\}$

2 数学的帰納法で証明する。
$n = 1$ のとき，$z = r(\cos\theta + j\sin\theta)$ でこれは正しい。
$n = k$ のとき正しいとすれば $n = k + 1$ のとき
$z^{k+1} = r^k (\cos k\theta + j\sin k\theta) \cdot r(\cos\theta + j\sin\theta)$
$= r^{k+1} \{(\cos k\theta \cos\theta - \sin k\theta \sin\theta) + j(\cos k\theta \sin\theta + \sin k\theta \cos\theta)\}$
$= r^{k+1} \{\cos(k+1)\theta + j\sin(k+1)\theta\}$
従って本文 (2.17) 式は正しい。

3 (1) $\mathcal{L}\left[a e^{-\alpha t}\right] = a\mathcal{L}\left[e^{-\alpha t}\right] = \dfrac{a}{s+\alpha}$ 　(2) $\mathcal{L}[t] = \dfrac{1}{s^2}$ に推移定理を用いて $\dfrac{1}{(s+\alpha)^2}$

(3) $\sin(\omega t + \alpha) = \sin\omega t \cos\alpha + \cos\omega t \sin\alpha$ だから

$$\mathcal{L}\left[\sin(\omega t + \alpha)\right] = \cos\alpha \mathcal{L}\left[\sin\omega t\right] + \sin\alpha \mathcal{L}\left[\cos\omega t\right] = \dfrac{\omega \cos\alpha + s \sin\alpha}{s^2 + \omega^2}$$

(4) $\mathcal{L}[\sin\omega t]$ に推移定理を用いて $\dfrac{\omega}{(s+\alpha)^2+\omega^2}$ (5) $\dfrac{s+\alpha}{(s+\alpha)^2+\omega^2}$

4 (1) $\dfrac{1}{2}(1-e^{-2t})$ (2) $-\dfrac{1}{4}(1-2t-e^{-2t})$ (3) $s=-1\pm j2$ について部分分数に分解しても可。

別解 $=\mathcal{L}^{-1}\left[\dfrac{s+1}{(s+1)^2+2^2}\right]=e^{-t}\cos 2t$ (4) $\mathcal{L}^{-1}\left[1-\dfrac{2}{s+3}\right]=\delta(t)-2e^{-3t}$

(5) $f(t)=\mathcal{L}^{-1}\left[\dfrac{1}{s^2+2s+3}\right]$ とおけば, $\mathcal{L}^{-1}\left[\dfrac{e^{-2s}}{s^2+2s+3}\right]=f(t-2)$

$f(t)=\mathcal{L}^{-1}\left[\dfrac{1}{(s+1)^2+(\sqrt{2})^2}\right]=\dfrac{1}{\sqrt{2}}e^{-t}\sin\sqrt{2}t$ 従って $\dfrac{1}{\sqrt{2}}e^{-(t-2)}\sin\sqrt{2}(t-2)$

5 (1) $f(t)=u(t)-u(t-a)$ $F(s)=\dfrac{1}{s}-\dfrac{e^{-as}}{s}=\dfrac{1}{s}(1-e^{-as})$

(2) $f(t)=t-2(t-1)\cdot u(t-1)+(t-2)\cdot u(t-2):u(t)$は単位ステップ関数

$F(s)=\dfrac{1}{s^2}-2\dfrac{1}{s^2}e^{-s}+\dfrac{1}{s^2}e^{-2s}=\dfrac{1}{s^2}(1-e^{-s})^2$

第3章

1 (1) $(R_1+R_2)i(t)+\dfrac{1}{C}\displaystyle\int i(t)dt=E_i(t)$, $\dfrac{1}{C}\displaystyle\int i(t)dt+R_2i(t)=E_o(t)$ をラプラス変換して $I(s)$ を消去。

$G(s)=\dfrac{T_2s+1}{T_1s+1}$, $T_1=(R_1+R_2)C$, $T_2=R_2C$

(2) $\dfrac{1}{C}\displaystyle\int i(t)dt+Ri(t)=E_i(t)$, $Ri(t)=E_o(t)$ をラプラス変換して $I(s)$ を消去。

$G(s)=\dfrac{Ts}{Ts+1}$, $T=RC$。これは近似微分回路である。

2 $Ri_o(t)+L\dfrac{d}{dt}i_o(t)=E_i(t)$ をラプラス変換して,

$G(s)=\dfrac{I_o(s)}{E_i(s)}=\dfrac{K}{Ts+1}$, $T=\dfrac{L}{R}$, $K=\dfrac{1}{R}$

3 コイルの部分では $L\dfrac{di(t)}{dt}=e(t)$ が成り立つから, ラプラス領域でのコイルの抵抗は sL である。従って合成抵抗は $R+sL+\dfrac{1}{Cs}$ であり, 出力抵抗 $\dfrac{1}{Cs}$ である。従って

$G(s)=\dfrac{\dfrac{1}{Cs}}{R+sL+\dfrac{1}{Cs}}=\dfrac{1}{LCs^2+RCs+1}$ である。

4

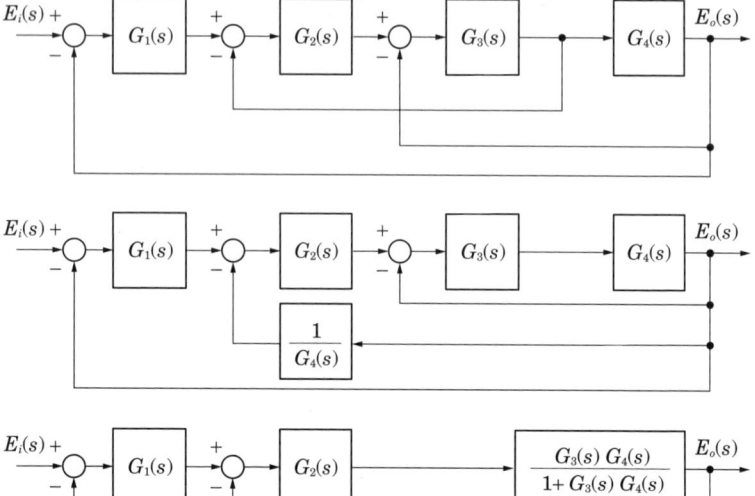

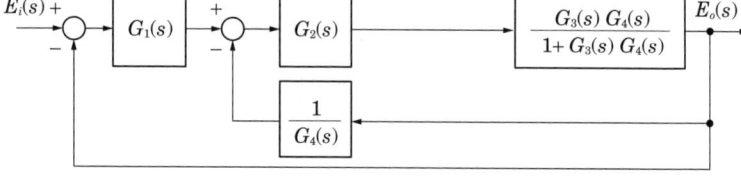

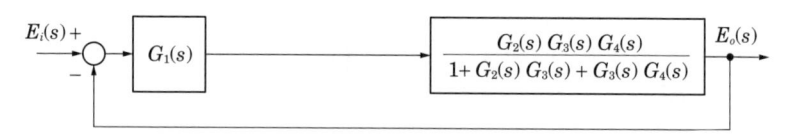

練習問題図 3.1

$$G(s) = \frac{G_1(s)G_2(s)G_3(s)G_4(s)}{1+G_2(s)G_3(s)+G_3(s)G_4(s)+G_1(s)G_2(s)G_3(s)G_4(s)}$$

章末問題の解答

5

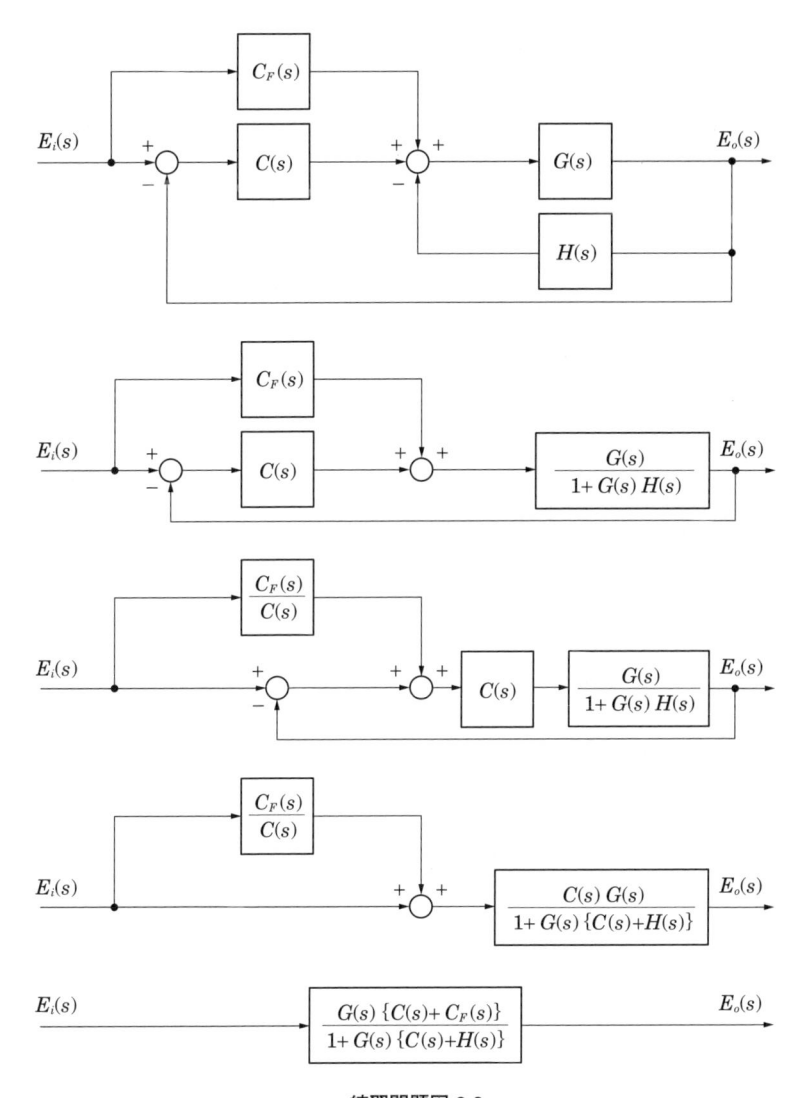

練習問題図 3.2

章末問題の解答

第 4 章

1 (1) 単位インパルス応答 $y(t)=1-e^{-t}$ 単位ステップ応答 $y(t)=t+e^{-t}-1$
　(2) 単位インパルス応答 $y(t)=2-e^{-t}$ 単位ステップ応答 $y(t)=2t+e^{-t}-1$

2 $y(t)=t-\sin t$ をラプラス変換すれば，$Y(s)=\dfrac{1}{s^2}-\dfrac{1}{s^2+1}=\dfrac{1}{s^2(s^2+1)}$
$Y(s)=G(s)U(s)=\dfrac{G(s)}{s}$ だから，$G(s)=sY(s)=\dfrac{1}{s(s^2+1)}$

3 $Y(s)=\dfrac{5s+1}{(s+1)(2s+1)}\dfrac{1}{s}=\dfrac{a}{s}+\dfrac{b}{s+1}+\dfrac{c}{2s+1}$

$a=\lim_{s\to 0}\dfrac{5s+1}{(s+1)(2s+1)}=1$ 　同様に $b=-4$ ，$c=6$

従って $y(t)=1-4e^{-t}+3e^{-0.5t}$ である。応答を図4.1に示す。これはオーバーシュートのある例である。

4 $Y(s)=\dfrac{1-5s}{(s+1)(2s+1)}\dfrac{1}{s}=\dfrac{a}{s}+\dfrac{b}{s+1}+\dfrac{c}{2s+1}$

$a=\lim_{s\to 0}\dfrac{1-5s}{(s+1)(2s+1)}=1$ 　同様に $b=6$ ，$c=-14$

従って $y(t)=1+6e^{-t}-7e^{-0.5t}$ である。応答を図4.2に示す。これは逆応答のある例である（分子に正のゼロ点があることが逆応答の原因である）。

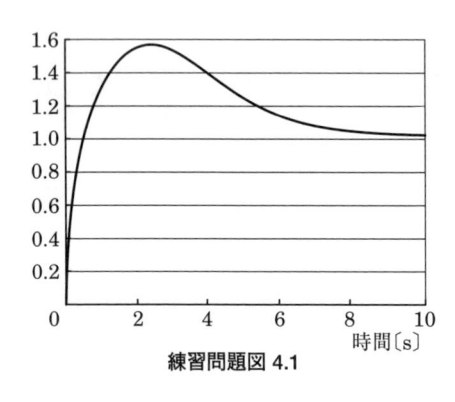

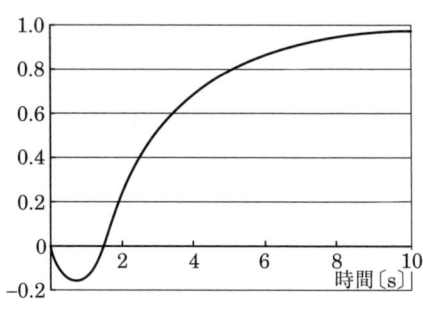

練習問題図 4.1

練習問題図 4.2

5 $W(s) = \dfrac{G(s)}{1+G(s)} = \dfrac{K_a}{T_a s^2 + s + K_a} = \dfrac{1}{\dfrac{T_a}{K_a}s^2 + \dfrac{1}{K_a}s + 1}$

時定数 $T = \sqrt{\dfrac{T_a}{K_a}} = 0.1$, $2\varsigma T = \dfrac{1}{K_a}$, $\varsigma = 0.5$ から $K_a = 10$, $T_a = 0.1$

第5章

1 $G(j\omega) = |G(j\omega)|e^{j\varphi}$ のとき, $G(-j\omega) = |G(j\omega)|e^{-j\varphi}$ の証明。

$G(s) = \dfrac{B(s)}{A(s)}$ $A(s)$, $B(s)$ は s に関する多項式と表現できる。ここで一般に s に関する多項式の場合, k を整数として $(-j\omega)^{2k} = (j\omega)^{2k}$, $(-j\omega)^{2k+1} = -(j\omega)^{2k+1}$ だから（虚数項のみ符号が変わる）, $A(j\omega) = \alpha(\omega) + j\beta(\omega)$ とすれば $A(-j\omega) = \alpha(\omega) - j\beta(\omega) = A^*(j\omega)$ である。$B(s)$ についても全く同様だから $G(-j\omega) = B(-j\omega)/A(-j\omega) = B^*(j\omega)/A^*(j\omega)$ である。ここで $\dfrac{B^*(j\omega)}{A^*(j\omega)} = G^*(j\omega)$ であることは簡単に証明できるから, 従って, $G(j\omega) = |G(j\omega)|e^{j\varphi}$ のとき, $G(-j\omega) = |G(j\omega)|e^{-j\varphi}$ である（$A(j\omega) = a + jB$, $B(j\omega) = c + jd$ とおいて $\dfrac{B^*(j\omega)}{A^*(j\omega)}$ を計算する）。

2 $G(jw) = \dfrac{-(T_1 + T_2)}{\{1+(\omega T_1)^2\}\{1+(\omega T_2)^2\}} - j\dfrac{1 - T_1 T_2 \omega^2}{\omega\{1+(\omega T_1)^2\}\{1+(\omega T_2)^2\}}$

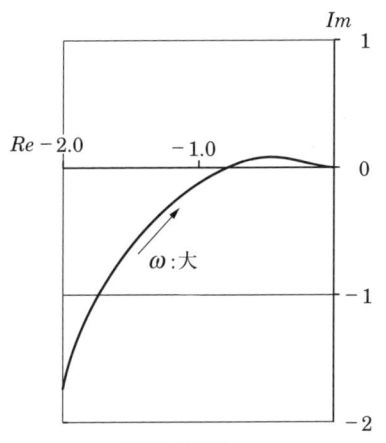

練習問題図 5.1

3 $G_1(j\omega) = a+jb$, $G_2(j\omega) = c+jd$

とおけば,

$G(j\omega) = (ac-bd)+j(ad+bc)$

だから,

$$|G(j\omega)| = \sqrt{(ac-bd)^2 + (ad+bc)^2} = \sqrt{a^2c^2+b^2d^2+a^2d^2+b^2c^2}$$
$$= \sqrt{(a^2+b^2)(c^2+d^2)} = |G_1(j\omega)||G_2(j\omega)|$$

である。また

$$\angle G(j\omega) = \tan^{-1}\frac{ad+bc}{ac-bd} \quad , \quad \angle G_1(j\omega) = \tan^{-1}\frac{b}{a} \ (=\theta_1) \quad , \quad \angle G_2(j\omega) = \tan^{-1}\frac{d}{c} \ (=\theta_2)$$

とおけば,

$$\tan(\theta_1+\theta_2) = \frac{\tan\theta_1+\tan\theta_2}{1-\tan\theta_1\tan\theta_2} = \frac{\frac{b}{a}+\frac{d}{c}}{1-\frac{b}{a}\frac{d}{c}} = \frac{ad+bc}{ac-bd}$$

$$\theta_1+\theta_2 = \tan^{-1}\frac{ad+bc}{ac-bd} = \angle G(j\omega)$$

4 (5.41)式から分かるように二次遅れ系の場合のボード線図の横軸は $\Omega = \frac{\omega}{\omega_n}$ である。$\omega_n = \frac{1}{T}$ の関係があるから結局,一次遅れ系の場合と同様に横軸を ωT で規格化していることと同じである(固有角周波数 ω_n で規格化している)。

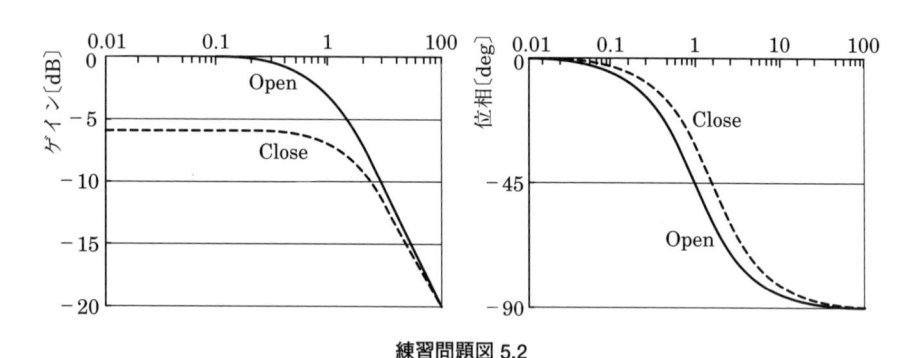

練習問題図 5.2

5　図5.17　$G(s) = \dfrac{K}{Ts+1}$　図5.18　$W(s) = \dfrac{G(s)}{1+G(s)} = \dfrac{K}{Ts+K+1}$

である。$K=T=1$ の場合についてボード線図を示せば練習問題図5.2である。一般に閉ループ系にすれば周波数帯域が広がり（周波数応答が改善され）ゲインが小さくなる。

第6章

1　(1) 特性方程式は $T_a s^2 + s + KK_a = 0$。この系は全ての $K>0$ に関して安定である。
　(2) 特性方程式は $0.05s^3 + 0.6s^2 + s + K = 0$，従って安定条件は $0 < K < 12$

2　特性方程式は $T_m T_f s^3 + (T_m + T_f)s^2 + (1+KK_a)s + K = 0$
　　$K < \dfrac{T_m + T_f}{T_m T_f - K_a(T_m + T_f)}$，従って安定条件は $0 < K < 10$

3　$K=1$ の場合のボード線図を図に示す。図からゲイン余裕が20dBと読めるので，安定限界では $20\log K = 20$。従って安定条件は $0 < K < 10$ である。

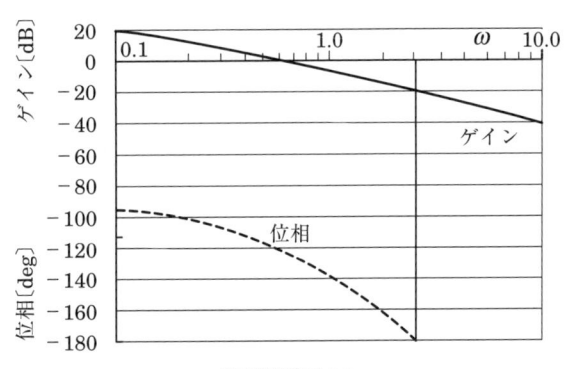

練習問題図 6.1

4　特性方程式は $s^3 + 6s^2 + 11s + 6 + K = 0$ 特性根は3個で安定限界ではひとつの実根と共役な純虚根。従って特性方程式は $(s+\alpha)(s^2+\beta) = 0$ と表現できる。$\alpha=6, \beta=11$ から安定限界では $K=60$ である。

5 ゲイン K を大きくすると系が振動的になり $K=7$ では発散に転じている。このグラフから安定限界の $K=6$ では持続振動になっていることが予想される。この例で分かるように，実際の制御系では安定限界の K までゲインをあげることができるというのではなく，安定判別による安定限界はあくまでひとつの目安に過ぎない。適度な安定余裕が必要であり，その判定にはボード線図やナイキスト線図が必要になるのである。
（プログラムは東京電機大学ホームページからダウンロードできます。）

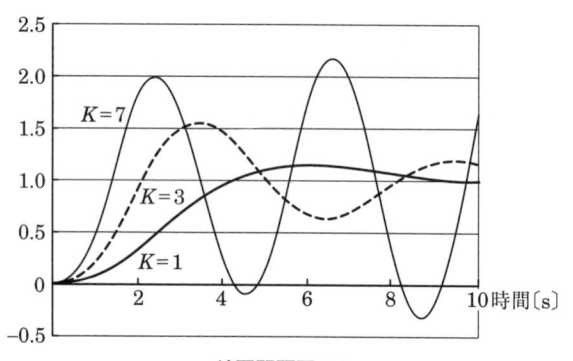

練習問題図 6.2

第7章

1 (1) $\begin{bmatrix} \cos\theta & \sin\theta \\ -\sin\theta & \cos\theta \end{bmatrix}$ (2) $\begin{bmatrix} \frac{11}{3} & -3 & \frac{1}{3} \\ -\frac{7}{3} & 3 & -\frac{2}{3} \\ \frac{2}{3} & -1 & \frac{1}{3} \end{bmatrix}$

2 (1) $A = \begin{bmatrix} 0 & 1 \\ -\omega_n^2 & -2\zeta\omega_n \end{bmatrix}$ $B = \begin{bmatrix} 0 \\ \omega_n^2 \end{bmatrix}$ $C = \begin{bmatrix} 1 & 0 \end{bmatrix}$, $B = \begin{bmatrix} 0 \\ 1 \end{bmatrix}$ $C = \begin{bmatrix} \omega_n^2 & 0 \end{bmatrix}$ でもよい。

(2) $G(s) = 2 - \dfrac{s+1}{s^2+s+1}$ 従って，$D = 2$

$G'(s) = \dfrac{1}{s^2+s+1}$ のシステム方程式は $A = \begin{bmatrix} 0 & 1 \\ -1 & -1 \end{bmatrix}$, $B = \begin{bmatrix} 0 \\ 1 \end{bmatrix}$

だから $C(sI-A)^{-1}B = \dfrac{-s-1}{s^2+s+1}$ となるように C を決めると $C = \begin{bmatrix} -1 & -1 \end{bmatrix}$

章末問題の解答

逆に $C(sI-A)^{-1}B + D = \dfrac{2s^2+s+1}{s^2+s+1}$

3 (1) $(s\mathbf{I}-\mathbf{A})^{-1} = \dfrac{1}{s^2+\omega^2}\begin{bmatrix} s & \omega \\ -\omega & s \end{bmatrix}$

$\mathcal{L}^{-1}\left[(s\mathbf{I}-\mathbf{A})^{-1}\right] = \begin{bmatrix} \cos\omega t & \sin\omega t \\ -\sin\omega t & \cos\omega t \end{bmatrix}$

(2) $(s\mathbf{I}-\mathbf{A})^{-1} = \dfrac{1}{(s+1)^2+2^2}\begin{bmatrix} s+1 & 2 \\ -2 & s+1 \end{bmatrix}$ ここで,

$\mathcal{L}^{-1}\left[\dfrac{s+1}{(s+1)^2+2^2}\right] = e^{-t}\cos 2t$, $\mathcal{L}^{-1}\left[\dfrac{2}{(s+1)^2+2^2}\right] = e^{-t}\sin 2t$ だから,

$\mathcal{L}^{-1}\left[(s\mathbf{I}-\mathbf{A})^{-1}\right] = \begin{bmatrix} e^{-t}\cos 2t & e^{-t}\sin 2t \\ -e^{-t}\sin 2t & e^{-t}\cos 2t \end{bmatrix}$

4 状態遷移行列は問3の(1)で求められている。$\mathbf{x}(0) = \begin{bmatrix} 0 \\ 0 \end{bmatrix}$ だから,

$\mathbf{x}(t) = \displaystyle\int_0^t \begin{bmatrix} \cos\omega(t-\tau) & \sin\omega(t-\tau) \\ -\sin\omega(t-\tau) & \cos\omega(t-\tau) \end{bmatrix}\begin{bmatrix} 0 \\ 1 \end{bmatrix}\delta(\tau)d\tau = \int_0^t \begin{bmatrix} \sin\omega(t-\tau) \\ \cos\omega(t-\tau) \end{bmatrix}\delta(\tau)d\tau$

ところが一般にデルタ関数について(2.28)式から $\displaystyle\int_0^t f(t-\tau)\delta(\tau)d\tau = f(t)$ だから,

$\mathbf{x}(t) = \begin{bmatrix} \sin\omega t \\ \cos\omega t \end{bmatrix}$ である。またラプラス逆変換法によれば,$\mathcal{L}[\delta(t)] = 1$ だから,

$\mathbf{x}(t) = \mathcal{L}^{-1}\left[(s\mathbf{I}-\mathbf{A})^{-1}\mathbf{B}U(s)\right] = \mathcal{L}^{-1}\left[\dfrac{1}{s^2+\omega^2}\begin{bmatrix} s & \omega \\ -\omega & s \end{bmatrix}\begin{bmatrix} 0 \\ 1 \end{bmatrix}\cdot 1\right]$

$= \mathcal{L}^{-1}\begin{bmatrix} \dfrac{\omega}{s^2+\omega^2} \\ \dfrac{s}{s^2+\omega^2} \end{bmatrix} = \begin{bmatrix} \sin\omega t \\ \cos\omega t \end{bmatrix}$

5 ラプラス逆変換法で解く

$$(s\mathbf{I}-\mathbf{A})^{-1} = \begin{bmatrix} s+2 & -1 \\ -1 & s+2 \end{bmatrix}^{-1} = \frac{1}{s^2+4s+3}\begin{bmatrix} s+2 & 1 \\ 1 & s+2 \end{bmatrix} 従って$$

$$\mathbf{X}(s) = (s\mathbf{I}-\mathbf{A})^{-1}\mathbf{x}(0)+(s\mathbf{I}-\mathbf{A})^{-1}\mathbf{B}u(s)$$

$$= \frac{1}{s^2+4s+3}\left\{\begin{bmatrix} s+2 & 1 \\ 1 & s+2 \end{bmatrix}\begin{bmatrix} 0 \\ 2 \end{bmatrix}+\begin{bmatrix} s+2 & 1 \\ 1 & s+2 \end{bmatrix}\begin{bmatrix} 1 \\ 0 \end{bmatrix}\frac{1}{s}\right\}$$

$$= \begin{bmatrix} \dfrac{3s+2}{s(s+1)(s+3)} \\ \dfrac{2s^2+4s+1}{s(s+1)(s+3)} \end{bmatrix}$$

$$\mathbf{x}(t) = \begin{bmatrix} \dfrac{2}{3}+\dfrac{1}{2}e^{-t}-\dfrac{7}{6}e^{-3t} \\ \dfrac{1}{3}+\dfrac{1}{2}e^{-t}+\dfrac{7}{6}e^{-3t} \end{bmatrix}$$

第 8 章

1 $G_g(s)=1$ のボード線図は $|G_g(j\omega)|=0\,\mathrm{dB}$, $\angle G_g(j\omega)=0\,\mathrm{deg}$ である。即ちゲインも位相もボード線図上で何の影響も及ぼさない。理想的な特性なのである。実際のセンサは位相遅れを伴う。位相遅れは一般にシステムのゲイン余裕を小さくする。即ち，センサによる位相遅れを無視した設計ということになる。

2 突風は操舵翼の舵角を変更しないまま，機体のロール角を変えてしまう。即ち，機体に対して舵角と同等の影響力を有している。

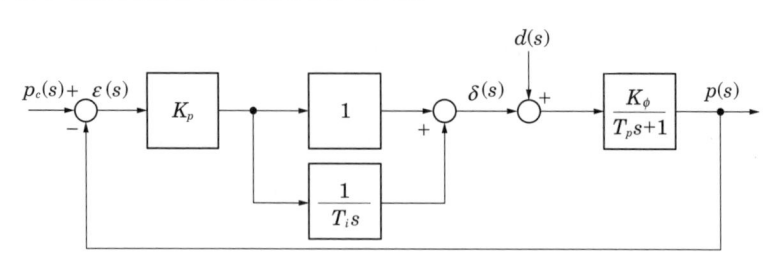

練習問題図 8.1

3 $G_c(s) = K_p\left(1 + \dfrac{1}{T_i s}\right)$ ， $G_p(s) = \dfrac{K_\phi}{T_p s + 1}$ と置けば，

$$p(s) = \dfrac{G_c(s)G_p(s)}{1 + G_c(s)G_p(s)} p_c(s) + \dfrac{G_p(s)}{1 + G_c(s)G_p(s)} d(s)$$

である。即ち，特性方程式が同じだから安定性に関しては入力に対しても外乱に対しても同じであるが，応答性に関しては，例えば入力に対して最適に設計された $G_c(s)$ が外乱に対しても最適になっている保証はない。

4 $$p(s) = \dfrac{\{K_f + G_c(s)\}G_p(s)}{1 + G_c(s)G_p(s)} p_c(s) + \dfrac{G_p(s)}{1 + G_c(s)G_p(s)} d(s)$$

即ち，前向補償 K_f は入力に対してのみ有効であり，外乱に対しては無関係である。従って制御器 $G_c(s)$ をまず外乱に対して最適に設計し，その後 K_f を調整することにより入力に対しても応答を改善することが出来る。

5 レート積分ジャイロを用いるとセンサをひとつ省略して制御系を簡素化出来る。ただし図 8.25 の制御系はロール角に対して完全な形でのフィードバック制御系にはなっておらず，ロール角が目標値に一致している保障はない。

Excel VBA プログラムについて

　本書で用いた Excel VBA プログラムは全て東京電機大学出版局のホームページ（https://www.tdupress.jp/）からダウンロードして用いることができる。そこで本書で用いた Excel VBA プログラムの概要について簡単に説明しておこう。代表例として図4.1のプログラムについて説明する。時間応答を求めるか周波数応答を求めるかで計算の内容は異なるが，プログラムとしての構成は他のプログラムもほとんど同じである。

1　プログラムの起動

❶　ダウンロードしたフォルダ「4章」の中から「4章図4.1」という名前のエクセルファイルをダブルクリックする。

❷　「セキュリティー警告」が表示されるので「マクロを有効にする」を選択する。エクセルシートが表示される。

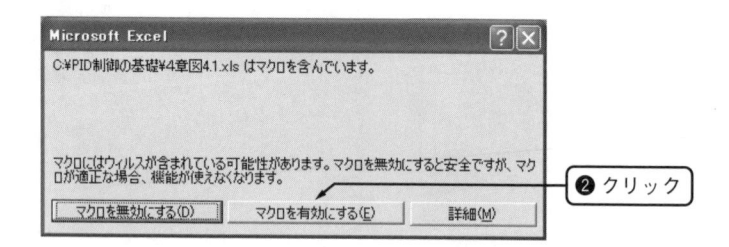

Excel プログラム

❸ 例えば，減衰係数[0.4]のセルを[0.7]に書き換える。

❸ [0.7]にする

❹ 最上段のメニューバーから「ツール」「マクロ」「マクロ」を選択する。「二次遅れ系のステップ応答」というプログラム名が表示される。

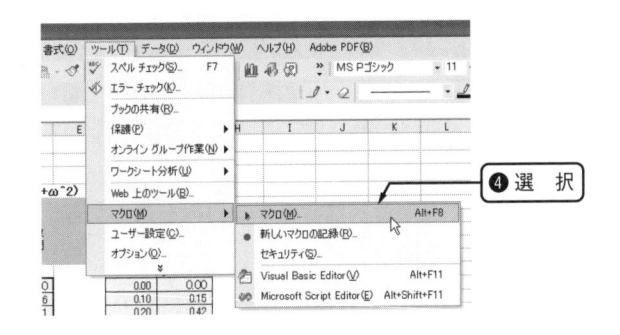

❹ 選 択

❺ 「実行」をクリックする。プログラムが実行されてエクセルシートに戻る。C列，D列のデータが書き換わりグラフも自動的に変更される。F列，G列のデータは，減衰係数が[0.7]の場合の演算結果であり，作図のためにC列，D列のデータをコピーして残しているだけである。

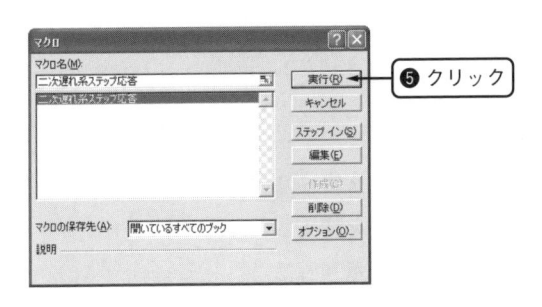

❺ クリック

Excel プログラム

2 作図について

❶ データが揃ったら，まず，図の横軸になるデータを選択する。ここではC列11行目の[0.00]から61行目の[5.00]までを左クリックしたまま選択する。選択された部分は色が変わる。

❷ 次に，「ctrl」キーを押しながら，縦軸になるデータ，ここではD列11行目の[0.00]から61行目の[1.00]までを選択する。選択された部分は色が変わる。

❸ メニューバーから「挿入」「グラフ」を選択。グラフウィザードが表示される。

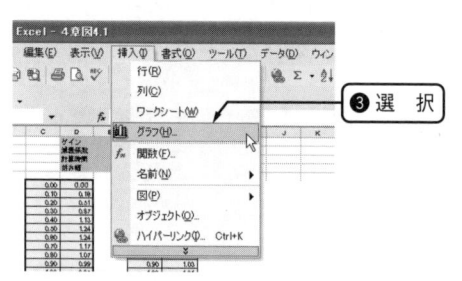

❹ グラフの種類は「散布図」，形式は滑らかな曲線を選択する。

❺ 「完了」をクリックすると図が表示される。

　以上が基本的な作図法である。その他については通常のテクニックで対応できる。例えば，グラフにコメントを書き込みたいときにはツールバーのテキストボックスを使えばよい。軸の目盛を変更したいときにはポインターを軸に合わせて右クリックすればメニューが表示される。

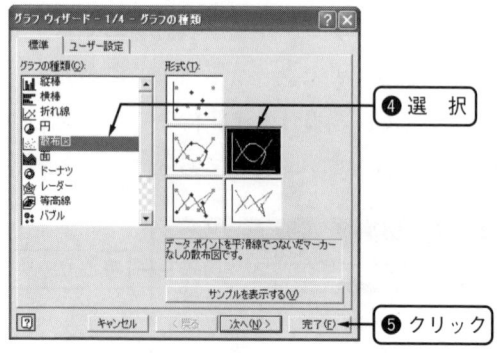

　グラフを追加したいときには以下の操作で行なう。

❶ グラフ上の任意の場所を右クリックし，「元のデータ」を選択する。
❷ 「系列」タグをクリック。 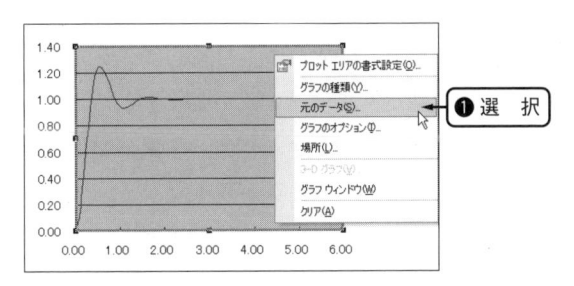
❸ 「追加」ボタンをクリック。
❹ ポインターを「Xの値」へ移動する。
❺ ポインターが点滅しているままでシートに戻り横軸にしたいデータを選択する。(例えばF列)
❻ グラフウィザードに戻り，ポインターをY軸に移動する。このとき，Y軸の欄に残っている文字，記号は全てデリートする。
❼ シートに戻りY軸にしたいデータを選択する。(例えばG列)
❽ 「OK」をクリックする。

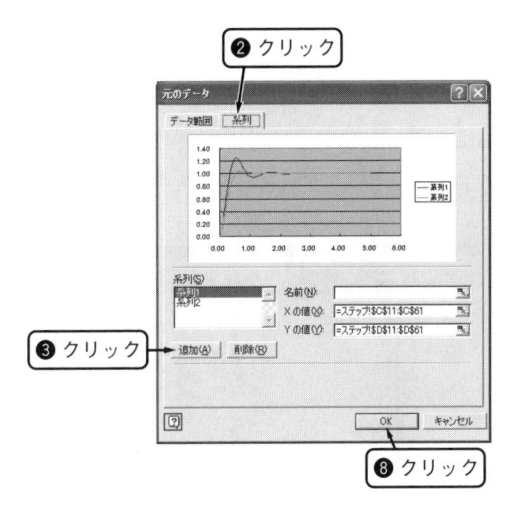

❾ 減衰係数が[0.7]のときのグラフが追加される。

3 作図に関するその他の注意

❶ 以上の手順で作成されたグラフは，手順自身がマクロとして記憶されている。従って，データシートのデータが変わると自動的にグラフも変更される。

❷ ただし，時間刻み幅を変更してデータ数が変化すると，グラフは書き直さなければいけない。最初に作図したときよりデータ数が少なくなると，前のデータが残ったまま作図されるし，データ数が多くなると，グラフが途中までになってしまう。

4 計算プログラムに関する説明

❶ プログラムを開くためにはエクセルシートから「ツール」「マクロ」「マクロ」でマクロウィザードを開き「編集」を選択する。

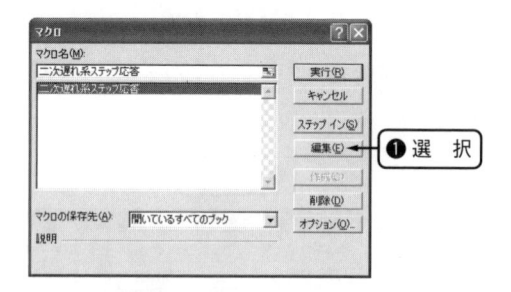

❶ 選 択

❷ プログラム画面が表示される。

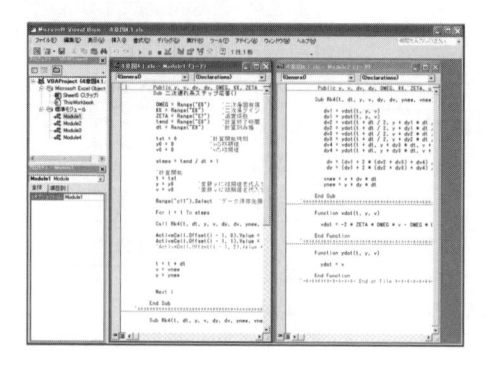

Excel プログラム

❸ プログラムの編集が終了したらメニューバーの「ファイル」から「終了して
Excel に戻る」をクリックするとプログラムが保存されてエクセルシートに戻る。
❹ 新しいプログラムを作成したいときにはメニューバーの「挿入」から「標準
モジュール」を選択する。

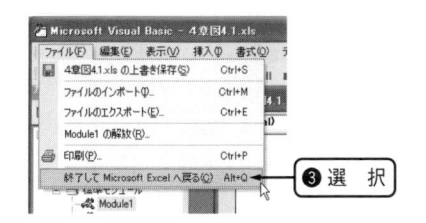

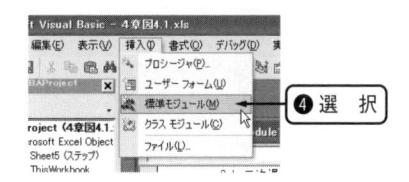

5 プログラムの解説

4章図4.1のプログラムを例にとり解説する。

```
Public y, v, dv, dy, OMEG, KK, ZETA
Sub 二次遅れ系ステップ応答()
'初期値読み取り
OMEG = Range("E5")  ……………………………………'二次系固有値
KK = Range("E6")    ……………………………………'二次系ゲイン
ZETA = Range("E7")  ……………………………………'減衰係数
tend = Range("E8")  ……………………………………'計算終了時間
dt = Range("E9")    ……………………………………'計算刻み幅
'初期値設定
tst = 0 ……………………………………………………'計算開始時刻
y0 = 0  ……………………………………………………'yの初期値
v0 = 0  ……………………………………………………'vの初期値
steps = tend / dt + 1
'計算開始
t = tst ………………………………………'変数tに初期値を代入する
y = y0  ………………………………………'変数yに初期値を代入する
v = v0  ………………………………………'変数vに初期値を代入する
```

183

Excel プログラム

```
        Range("C11").Select          ………………………'データ保存先頭位置指定
        For i = 1 To steps
        Call Rk4(t, dt, y, v, dy, dv, ynew, vnew)
        ActiveCell.Offset(i - 1, 0).Value = t
        ActiveCell.Offset(i - 1, 1).Value = y

        t = t + dt
        v = vnew
        y = ynew
        Next i
        End Sub
'+++++++++++++++++++++++++++++++++++++++++++++++++++++++++++++++
        Sub Rk4(t, dt, y, v, dy, dv, ynew, vnew)
            dv1 = vdot(t, y, v)
            dy1 = ydot(t, y, v)
            dv2 = vdot(t + dt/2, y + dy1 * dt/2, v + dv1 * dt/2)
            dy2 = ydot(t + dt/2, y + dy1 * dt/2, v + dv1 * dt/2)
            dv3 = vdot(t + dt/2, y + dy2 * dt/2, v + dv2 * dt/2)
            dy3 = ydot(t + dt/2, y + dy2 * dt/2, v + dv2 * dt/2)
            dv4 = vdot(t + dt, y + dy3 * dt, v + dv3 * dt)
            dy4 = ydot(t + dt, y + dy3 * dt, v + dv3 * dt)

            dv = (dv1 + 2 * (dv2 + dv3) + dv4)/6
            dy = (dy1 + 2 * (dy2 + dy3) + dy4)/6

            vnew = v + dv * dt
            ynew = y + dy * dt

        End Sub
'+++++++++++++++++++++++++++++++++++++++++++++++++++++++++++++++
        Function vdot(t, y, v)
            vdot = -2 * ZETA * OMEG * v - OMEG * OMEG * y + OMEG * OMEG * KK
```

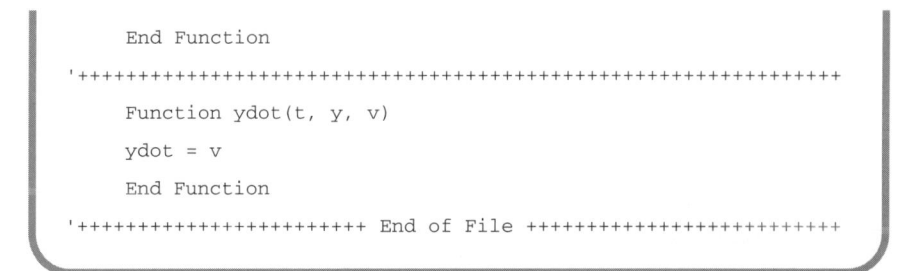

```
    End Function
'++++++++++++++++++++++++++++++++++++++++++++++++++++++++++++++
    Function ydot(t, y, v)
    ydot = v
    End Function
'+++++++++++++++++++++++ End of File +++++++++++++++++++++++++
```

●プログラム解説

Public y, v, dv, dy, OMEG, KK, ZETA

Public は Fortran で言えば Common の働きをしている。Public 以下に指定された変数名はメインプログラム，サブプログラム，ファンクションの中で共通に用いられることを宣言している。

Sub 二次遅れ系ステップ応答()

プログラム名である。Excel VBA プログラム名の指定は Sub //////()で書く決まりであり//////に書かれた名称がプログラム名になる。メインプログラムでも Sub であり，最後の()が必ず必要である。

'初期値読み取り

```
    OMEG = Range("E5")      '二次系固有値
    KK   = Range("E6")      '二次系ゲイン
    ZETA = Range("E7")      '減衰係数
    tend = Range("E8")      '計算終了時間
    dt   = Range("E9")      '計算刻み幅
```

本書でのプログラムは全て Excel シートでセルに書き込まれた数値を読み取ってプログラムを実行する構成にしている。この構成にしておくことによりプログラム実行時のパラメータ変更が容易になる。プログラム内での定数はプログラムで書き込み，パラメータはセルからデータを読み込む方法である。OMEG =Range("E5") は E5 番のセルの値を読み込み OMEG という変数名を割り当てる意味である。'はコメントの記号である。

Excel プログラム

> Range("C11").Select

計算結果を Excel シートに打ち出すときの先頭場所指定で C11 セルから書き込むコマンドである。ActiveCell Offset コマンドと対応して機能する。

> For i = 1 To steps , Next i

For Next ループは Fortran の Do ループに相当し繰り返し演算である。

> Call Rk4（t, dt, y, v, dy, dv, ynew, vnew）

Rk4 という名のサブルーチンの呼び出しである。

> ActiveCell.Offset(i - 1, 0).Value = t

Fortran の Write 文に相当している。変数 t の値をセルに打ち出すコマンドである。繰り返し計算の第1回目，即ち i=1 のとき，（0,0）というセルが Range("C11").Select で指定された C11 に割り当てられる。従って変数 t のデータはシート上の C 列に C11 セルから順に書き込まれる。

> ActiveCell.Offset(i - 1, 1).Value = y

変数名 y のデータが D 列の D11 から書き込まれる。

> End Sub

メインプログラムの終わりのコマンドである。

> Sub Rk4(t, dt, y, v, dy, dv, ynew, vnew)

Fortran のサブルーチンに相当している。ここでは2階の微分方程式に対して4次のルンゲクッタ法を用いている。

> Function vdot(t, y, v)

関数の指定であり，サブツーチン Rk4 の中で呼ばれている。サブルーチン，ファンクションの指定は Fortran と同じである。

> Function ydot(t, y, v)

関数の指定であり，サブツーチン Rk4 の中で呼ばれている。関数 Vdot との組で2階の微分方程式を表している。

6　その他の注意事項

❶　ひとつのエクセルファイルに複数のシートが存在する場合がある。シートは何枚あってもかまわない。新しいシートを開きたい場合はメニューバーの「挿入」から「ワークシート」を選択する。シート下端のラベルで目的のシートを選択することができる。シートを削除したいときには「編集」「シートの削除」。

❷　シートに名前をつけたいときには「Sheet」タグを右クリックして「名前の変更」を選択する。

❸　ひとつのエクセルファイルに複数のプログラムがある場合には，「ツール」「マクロ」「マクロ」の操作の後，複数のプログラムが表示される。実行したいプログラムにマーカーを合わせて「実行」する。

❹　プログラムの利用によるいかなる損害に対しても作者は責任を負いません。

参 考 文 献

[1] 細江繁幸編著『インターユニバーシティIU システムと制御』オーム社，1997
[2] 森泰親著『演習で学ぶ基礎制御工学』森北出版，2004
[3] 中野道雄，美多勉共著『制御基礎理論 古典から現代まで』昭晃堂，1999
[4] 江口弘文著『MATLABによる誘導制御系設計』東京電機大学出版局，2004
[5] 足立修一著『MATLABによる制御工学』東京電機大学出版局，1999
[6] 野波健蔵編著『MATLABによる制御系設計』東京電機大学出版局，1999
[7] 須田信英著『PID制御』朝倉書店，2001
[8] 山本重彦，加藤尚武共著『PID制御の基礎と応用』朝倉書店，2002
[9] 小林伸明著『基礎制御工学』共立出版，1988
[10] 中野道雄，高田和之，早川恭弘共著『自動制御』森北出版，1999
[11] 下西二郎，奥平鎮正共著『制御工学』コロナ社，2001
[12] 高木章二著『メカトロニクスのための制御工学』コロナ社，2003
[13] 古田勝久，美多勉共著『システム制御理論演習』昭晃堂，1980
[14] 明石一，今井弘之共著『詳解制御工学演習』共立出版，1981
[15] 梶田貴則，江口弘文『飛翔体旋回加速度制御系に関する一考察』日本航空宇宙学会論文集，Vol.54, No.628, pp.228-231, 2006
[16] 増山豊著『Excelで解く 機械系の運動力学』共立出版，2003

索　引

■英数字

- IPD 制御器 ……………………………… 152
- I 型 ………………………………………… 72
- PD 制御器 ………………………………… 150
- PID 制御器 ………………………… 150, 152
- PI 制御器 ………………………………… 150
- RC 回路 …………………………………… 34
- RLC 回路 ………………………………… 37

■あ行

- 安定 (Stable) な制御系 ………………… 102
- 安定判別法 ……………………………… 106
- 位相 ………………………………………… 83
- 位相角 ……………………………………… 10
- 位相余裕 ………………………………… 117
- 一次遅れ系 ………………………………… 36
- 一次遅れ系の時定数 ……………………… 36
- 一巡伝達関数 ……………………………… 44
- インディシャル応答 ……………………… 52
- インパルス応答 …………………………… 51
- オイラーの公式 …………………………… 10
- オーバーシュート ………………………… 62
- 重み関数 …………………………………… 54

■か行

- カスケード結合 ………………………… 156
- 過渡応答 …………………………… 52, 56
- 加法性 ……………………………………… 17
- 規格化 ……………………………………… 92
- 逆行列 …………………………………… 130
- 共役複素数 ………………………………… 10
- 極 ………………………………………… 104
- 極座標形式 ………………………………… 11
- 加え合わせ点 ……………………………… 41
- ゲイン ………………………………… 83, 87
- ゲイン余裕 ……………………………… 117
- 減衰係数 …………………………………… 39
- 固有角周波数 ……………………………… 61
- 固有値 …………………………………… 131
- 根軌跡 …………………………………… 119
- 根軌跡の始点 …………………………… 120
- 根軌跡の終点 …………………………… 120

■さ行

- 最終値の定理 ……………………………… 22
- システム行列 …………………………… 128
- 質量－バネ・ダンパー …………………… 6
- 時定数 ……………………………………… 37
- ジャイロ ………………………………… 145
- 周波数応答 ………………………………… 81
- 周波数伝達関数 …………………………… 83
- 周波数特性 ………………………………… 83
- 出力行列 ………………………………… 128
- 出力方程式 ……………………………… 128
- 状態遷移行列 …………………………… 136
- 状態ベクトル …………………………… 128
- 状態方程式 ……………………………… 128
- 初期値の定理 ……………………………… 21
- 推移定理 …………………………………… 22

189

索　引

■あ行

ステップ応答 …………………… 51
制御器 …………………………… 5
制御対象 ………………………… 6
制御量 …………………………… 6
静的システム …………………… 7
積分時間 ………………………… 150
積分のラプラス変換 …………… 18
折点周波数 ……………………… 91
ゼロ型 …………………………… 72
漸近安定 ………………………… 141
線形時変数系 …………………… 126
線形定数系 ……………………… 126
相似性 …………………………… 18
操作部 …………………………… 5
操作量 …………………………… 5

■た行

たたみ込み積分 ………………… 55
単位インパルス関数 …………… 52
単位行列 ………………………… 130
単位ステップ関数 ……………… 52
単位ランプ関数 ………………… 52
ダンパーループ ………………… 156
調節器 …………………………… 5
直流サーボモータ ……………… 70
直列結合 ………………………… 42
直結フィードバック制御系 …… 41
定常応答 …………………… 52, 63
定常値 …………………………… 63
定常偏差 ………………………… 68
デカード ………………………… 88
伝達関数 ………………………… 32
ド・モアブルの定理 …………… 11
動的システム …………………… 7
特性根 …………………………… 104
特性方程式 ……………………… 104
留数 ……………………………… 25

■な行

ナイキスト（Nyquist）の方法 …… 115
内部安定性 ……………………… 102
二次遅れ系 ……………………… 39
二次遅れ系の時定数 …………… 39
入力行列 ………………………… 128

■は行

引き出し点 ……………………… 41
微分時間 ………………………… 150
微分のラプラス変換 …………… 20
比例ゲイン ……………………… 150
比例制御器 ……………………… 71
比例＋積分制御 ………………… 151
比例＋積分制御器 ……………… 72
比例＋積分＋微分制御 ………… 151
不安定（Unstable）な制御系 … 102
フィードバック結合 …………… 43
フィードバック制御系 ………… 6
複素数 …………………………… 9
部分積分法 ……………………… 15
フルビッツ（Hurwitz）の方法 … 112
ブロック ………………………… 41
ブロック線図 …………………… 41
閉ループ伝達関数 ……………… 44
並列結合 ………………………… 42
ベクトル軌跡 …………………… 85
ヘビサイド（Hevyside）の展開定理 …… 25
偏角 ……………………………… 10
偏差 ……………………………… 5
ボード線図 ……………………… 87

■ま行

前向きループ伝達関数 ………… 44
無駄時間 ………………………… 33
無駄時間要素 …………………… 34

索　引

目標値 ··· 5
モデリング ································· 146
モデル化 ···························· 31, 40, 146

■や行

ユニティーフィードバック制御系 ········ 41
余因子行列 ·································· 130

■ら行

ラウス・フルビッツ ······················· 106
ラウス(Routh)の方法 ······················ 110
ラプラス逆変換 ······························ 24
ラプラス変換 ································ 12
ランプ応答 ··································· 51
ロール運動 ·································· 144
ロール角制御 ······························· 144
ロール角制御系 ···························· 159
ロール角センサ ···························· 145
ロールレート制御系 ······················ 157

【著者紹介】

江口弘文（えぐち・ひろふみ）

　学　歴　九州工業大学工学部制御工学科卒業（1967年）
　　　　　工学博士（1991年）
　職　歴　防衛庁技術研究本部第3研究所（1967年）
　　　　　九州共立大学工学部機械工学科教授（2003年）

初めて学ぶ　PID制御の基礎

2006年 7月30日　第1版1刷発行　　　ISBN 978-4-501-41600-3 C3053
2023年 4月20日　第1版7刷発行

　著　者　江口弘文
　　　　　© Eguchi Hirofumi 2006

　発行所　学校法人 東京電機大学　　〒120-8551　東京都足立区千住旭町5番
　　　　　東京電機大学出版局　　　　Tel. 03-5284-5386（営業）　03-5284-5385（編集）
　　　　　　　　　　　　　　　　　　Fax. 03-5284-5387　振替口座 00160-5-71715
　　　　　　　　　　　　　　　　　　https://www.tdupress.jp/

[JCOPY] ＜(社)出版者著作権管理機構 委託出版物＞
本書の全部または一部を無断で複写複製（コピーおよび電子化を含む）することは，著作権法上での例外を除いて禁じられています。本書からの複製を希望される場合は，そのつど事前に，(社)出版者著作権管理機構の許諾を得てください。
また，本書を代行業者等の第三者に依頼してスキャンやデジタル化をすることはたとえ個人や家庭内での利用であっても，いっさい認められておりません。
［連絡先］Tel. 03-5244-5088, Fax. 03-5244-5089, E-mail: info@jcopy.or.jp

　印刷：三立工芸（株）　　製本：渡辺製本（株）　　装丁：髙橋壮一
　落丁・乱丁本はお取り替えいたします。　　　　　　　Printed in Japan